U0946149

静心 修心 暖心

吉家乐 编著

吉林文史出版社
JILIN WENSHI CHUBANSHE

图书在版编目(CIP)数据

静心修心暖心 / 吉家乐编著 . -- 长春 : 吉林文史出版社 , 2018.6

ISBN 978-7-5472-4700-6

Ⅰ . ①静… Ⅱ . ①吉… Ⅲ . ①人生哲学–通俗读物 Ⅳ . ① B821-49

中国版本图书馆 CIP 数据核字(2017)第 303109 号

静心 修心 暖心
JINGXIN XIUXIN NUANXIN

编　　著　吉家乐
出 版 人　孙建军
责任编辑　陈春燕　杨　卓
封面设计　子　时
出版发行　吉林文史出版社有限责任公司
地　　址　长春市人民大街 4646 号
电　　话　0431-86037509
网　　址　www.jlws.com.cn
印　　刷　北京中振源印务有限公司
开　　本　720mm × 1020mm　　1/16
印　　张　20
字　　数　270 千
版　　次　2018 年 6 月第 1 版　2018 年 6 月第 1 次印刷
定　　价　69.00 元
书　　号　978-7-5472-4700-6

PREFACE 前言

古人曰:“静而后能安，安而后能虑，虑而后能得。”静心，就是去私欲障碍，破心中贼子，立心中“智”字，即在尘世中安下心来，不让名利等外物占据心田。所谓宠辱不惊，闲看庭前花开花落；去留无意，漫随天外云卷云舒。宁静的心灵有很强大的力量，它可以缓解你紧绷的神经，调节你烦躁的情绪，以便你有更多的精力去应付接下来的复杂生活；也可以让你的思绪沉淀，消除心灵的迷惑，走出内心的困境，在繁忙的生活中让自己有一段清闲的时光。从所有的杂务和纷扰中放松下来，将一颗俗心从这浮沉铅华中脱离出来，唤醒内在的纯净与平和。

“人生是一场心灵的修行”，简单的几个字道出了生命的意义。在现代社会，生活的繁琐芜杂使得我们的心灵之泉日渐干涸，心灵的花朵日趋凋零、枯萎，人们的内心越来越弱小无力，生活也更加迷茫、痛苦……这时，我们就要停下匆匆的脚步，学会修心，重新做内心强大的自己。做内心强大的自己，就要懂得在纷繁复杂的世界中修炼一颗纯净的心，就要懂得在这个处处充满对立的世界上修炼一颗宽广的心，就要懂得在这个变幻无常的世界上修炼一颗随缘的心。万事随缘，随顺自然，这不仅是禅者的态度，更是我们快乐人生所需要的一种精神。

人类天生就有趋利避害的本性。当和煦的春风吹拂我们的脸庞，任凭铁石心肠定也偷偷摇曳起来。这既不炽热又不寒冷、既不黏腻又不冷漠、既能宅在家里读一本书又能随时出发去旅行的恰到好处的氛围，就是温暖。心暖，则万千皆暖。心暖是一种感觉、一种态度，更是一种智慧，以此规则为人处世，内在生活就会变得充实而丰富，

人们也可以体会到爱和温情所带来的回馈，在命运的风暴和残酷的现实面前，可以不失温情和从容。如果你有一颗温暖的心，无论身处何时何地，都可以心无旁骛、宠辱不惊，都能够坦然地面对。

没有安静、强大、温暖的内心世界，就没有美好、和谐、从容的生活世界。本书在深入揭示导致现代人内心弱小的根源的基础上，从静心、修心、暖心三方面教会人们如何修炼心灵能量，做强大的自己。一个内心平静、强大、温暖的人，才能见自己、见天地、见众生，才能真正无所畏惧，走好人生的每一步。

CONTENTS

目录

静心——此生幸得暇满船

CONTENTS

修心——修好心，好成事

CONTENTS

CONTENTS

暖心——心暖，则万千皆暖

CONTENTS

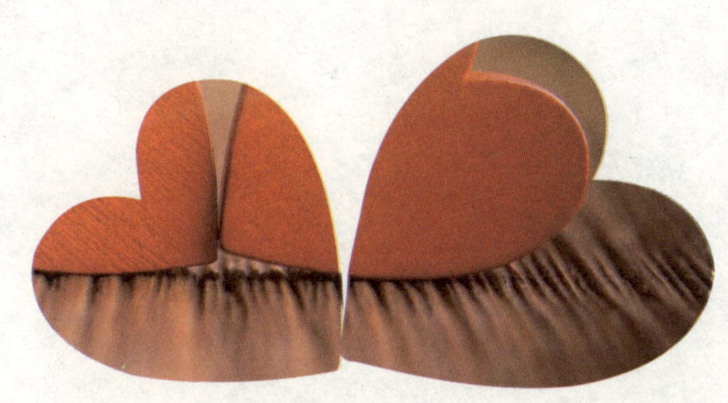

上篇

静心

——此生幸得暇满船

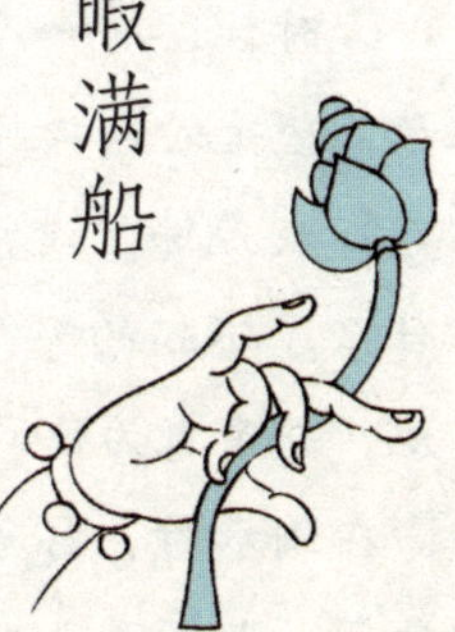

【第一章】

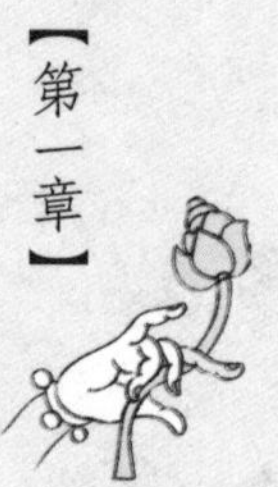

生活是吉祥的道场

“青青翠竹皆是法身，郁郁黄花无非般若。”佛法的智慧不仅在转动的经筒前或清修的寺院里，同样也在平凡的人间。生活是最好的修炼场。一言一行、一颦一笑、一草一木、一餐一饭，在每一个起心动念间，我们都在咀嚼吉祥的新茶，品读大师的智慧。

倒空杯子，沏一壶吉祥的心茶

古时候，有一个佛学造诣很深的年轻人。一天，他听说某个寺庙里有位德高望重的老禅师，便前去拜访。老禅师的徒弟接待他时，他态度傲慢，心想：我是佛学造诣很深的人，你的师父还不知是不是徒有虚名，你又能有什么了不起的呢？过了一会儿，老禅师从屋里走出来，十分恭敬地接待了他，并亲自为他沏茶。

在倒水时，杯子明明已经满了，老禅师还在不停地倒。年轻人于是不解地问：“大师，为什么杯子已经满了，你还要往里倒？”大师说：“是啊，既然已满了，干吗还倒呢？”原来，老禅师的言下之意是：既然你已经很有学问了，为什么还要到我这里来求教呢？

这就是佛教所说的“空杯心态”。它的象征意义是，做事前先要有一个好的心态。如果想学到更多，要先把自己想象成一个空着的杯子。一个自大的人多半盲目，而且容易自满。这使得他不能接受新思想、新事物，也没办法得到新知识的沐浴。而一个谦虚的人则常常虚怀若谷，他能将自己的心清空，以装进生命中更多的财富。在这个问题上，吉祥上师常常提醒自己的弟子："你先倒空你的杯子，然后再装我的茶。"

"清空杯子，沏入新茶"是中国佛教非常经典的一句话，可以引申出许多人生智慧，比如骄傲自满，比如虚怀若谷，比如空杯心态。而对于非常注重实修与体验的吉祥上师来说，这句话里面还包含着很多朴实的生活哲理。

在带领弟子闭关体验禅门生活时，吉祥上师要求大家将手机关闭并统一上交。在上师看来，我们这些每天奔波在尘世的人，看起来风尘仆仆、充实忙碌，实际上却常常焦躁不安、烦恼多多。我们一会儿打电话，一会儿发短信，为订单发愁，为股市担忧，怕生意谈不成，怕客户会投诉……凡此种种，不一而足。而在喧嚣尘世中，拥有这样一颗被周围各种消息缠绕，凡事都牵肠挂肚的心，又怎么会获得真正的宁静呢？

现在，回头再看那个禅师与杯子的故事，你会发现，如果我们不怀着谦虚的态度来学习和工作，心里面被自大撑得满满的，就没有地方容纳别人的优点。同样的道理，如果我们带着许许多多的烦恼、执着来体会每一天，那么，我们将无法获得灵魂的清静，也无法做到真正的放下。

放下也是一种舍得。所谓舍得，正是"有舍才有得"。正如故事里的禅师所说，也正如吉祥上师对弟子们所讲，只有先倒空你的杯子，才能装入一杯新茶。"禅味茶味，味味一味"也正是这个道理。也就是说，喝茶喝到最高境界，一定是与禅相通的。在茶里静品人生，在人生中观出吃茶的心意。这才是对“禅茶一味”的最佳诠释。

春天，我们喜欢喝花茶，新鲜的茉莉绣球在青瓷杯中漂浮、舒展，散发出缕缕的清香；夏天，我们偏爱喝绿茶，清凉、解暑，犹如盛夏中铺洒的一片绿荫；秋天，我们可以喝青茶，不寒不热的乌龙茶，可以带给人们不温不火、不急不躁的感觉，平复对秋天的伤感；冬天，我们应该喝红茶，味甘性温，正好可以帮助我们驱除寒冷的侵袭。红色的茶汤，也是围炉夜话时最好的选择。四季的轮换和我们人生的春种秋收也大致吻合，与四季的茶香更是配合得天衣无缝。

禅诗云：“春有百花秋有月，夏有凉风冬有雪。若无闲事挂心头，便是人间好时节。”在缤纷的四季里，在扑面的红尘中，如果想获得一份长久的安宁与通达的快乐，不妨泡一壶吉祥的新茶，聆听上师的讲述，细细咀嚼，慢慢品味，在这场心灵的假期中，找到属于自己的快乐与智慧。

慧心智语

先倒空你的杯子，再装入我的新茶。

一粒葡萄的前世今生

在一个宽敞的庭院中，一个小孩子站在院子中央，抬头看着星空。天空缀满繁星，星空下是一个葡萄架，上面缀满了繁星一样的葡萄。小男孩看到那些葡萄又大又圆，索性摘下一颗放入口中。这颗葡萄饱满、香甜，非常可口。小男孩吃了之后非常高兴。但是，他很迷惑，自己家并没有种过葡萄，为什么会出现葡萄呢?

原来，这是隔壁人家撒下的一颗种子，随星移月转，葡萄藤慢慢越过墙头，爬到了自己家中。小男孩看到的只是整个葡萄藤的一部分，看到的只是垂在自己眉心前的一粒葡萄，却不知道，这粒葡萄里含着前世的辛苦耕耘；更不知道，在一枚小小的葡萄籽背后，还会有更多葡萄架、葡萄藤、葡萄汁……

吉祥上师用这一形象、生动的故事，为弟子们开示了佛法智慧中的时空观和因果观，他讲的也是人们生活中的常理：收获与耕耘。“爱出者爱返，福往者福来”，以狭小的眼光去看待世界，我们就会患得患失，因为自己园子里可以吃到意外的甜葡萄而高兴，又或因为没有吃到葡萄而懊恼。如此，我们便成了一个个只看到院落里四角天空的小孩子，而很难用更为广大的视野来审视整个人生。

对于我们的整个人生来讲，首先，你播种什么，就会收获什么。若想事情有好的结果，就应该先付出，这样才会有相应的收获。

有一个商人生意越做越小，十分艰难，于是跑去请教智尚禅师。

禅师说：“后面禅院有一个压水井，你去给我打一桶水来！”半晌，商人汗流浃背地回来说：“压水井是枯井。”禅师说：“那你就到山下给我买一桶水来吧！”商人去了，回来后仅仅拎了半桶水。禅师说：“我不是让你买一桶水吗？怎么才买半桶水呢？”商人红了脸，连忙解释说：“不是我怕花钱，山高路远，提一桶水实在不容易。”“可

是我需要的是一桶水，你再跑一趟吧！”禅师坚持说。

商人又到山下买水，结果回来后仍只剩了半桶。禅师说：“现在我可以告诉你解决的办法了。”他带商人来到压水井旁边，说：“你把半桶水统统倒进去。”商人非常疑惑，犹豫不决。“倒进去！”禅师命令。

于是，商人将那半桶水倒进压水井里，禅师让他压水看看。商人压水，可是只听到那喷口呼呼作响，却没有一滴水出来，那半桶水全部让压水井吞进去了。

商人恍然大悟，他又拎起另外的半桶水全部倒进去，再压，清澈的井水喷涌而出。

春种一粒粟，秋收万颗子。世间万物，其实都和种庄稼差不多，种瓜得瓜，种豆得豆。你种下一粒葡萄籽，就会长出甜美的葡萄。如果我们整天只能仰望星空来幻想，而不能脚踏实地去耕耘的话，那么我们只能是一个等待别人收获后惠及自己的小孩子，而不是一个能做主自己人生的主人。

其实，人生中的很多事都像极了那粒被我们偶然吃到的甜葡萄。就像我们只看到别人的成功，却看不到他们默默耕耘的日子里，那些含辛茹苦的努力，尽力而为的艰辛。吉祥上师曾不止一次地提到，那些看起来在奥运会、世界杯、世锦赛上风光无比的冠军们，其实背后都藏着一段血泪相交的成长史。没有一个收获是可以从天而降的。我们看到的结果都是许许多多的昨天累积而成的。

生活中，不论是成功与失败，还是忧愁和欢乐，都是我们天天耕耘、日日灌溉的结果。你播种什么，最后就能收获什么。如果你在心里种下烦恼，那么你将收获抑郁或烦躁；如果你种下一片爱心，那么当世界变得更加可爱而光明时，你也将得到爱的回报。

慧心智语

理解因果而不误解因果，相信命运而不迷信命运。

给心灵放个假，让流浪的心回家

很多人都希望恢复“五一”黄金周，因为对于紧张疲惫的都市人来说，长假旅游可以让他们放慢生活的脚步，舒缓工作的压力，好好体会平日里错过的生活。

记得曾有一组漫画，画的是在早上八九点钟的上海地铁里，人山人海，接踵摩肩。人们互相推着往前走，谁走慢了都会遭到周围人的白眼。如果在这个时候谁的鞋被踩掉了，恐怕都没有时间和空间给他回头找鞋的机会。不只是上海，北京、广州等大都市都有这样的情况。赶在早高峰上班的时候，用网友的戏称来说，人在地铁里会挤得像明信片一样。

也许有人会说这就是现代生活带给我们的充实，可仔细想想，除了充实之外，我们是不是还遭遇了许多的现代病？比如烦躁、焦虑、紧张、失眠、抑郁……高科技的生活和高科技一样，是一柄双刃剑，有利于生活的地方，也有不利于生命的方面。吉祥上师曾经用这样三个字来总结我们今天的生活：忙、盲、茫。

第一个“忙”是说人们忙碌的状态，人忙心也忙。第二个“盲”是指人们忙碌的目标，就是盲目地忙碌，用最简单的词来说，就是瞎忙。对于那些看似忙忙碌碌的人，如果你抓住他问他一句：“你在忙什么？”他多半都不知道。也因此，就有了第三个“茫”——迷茫。人们是如此忙碌，像个陀螺一样高速旋转，好像一旦自己闲下来，生活就会崩塌，世界也将不可救药。

可事实上，我们都知道那句看似玩笑的真理：地球离开谁都照样运转，谁都不可能成为世界的核心。我们在建造世界、改变世界的时候，却常常忘了最重要的事，就是先建设自己。促使人们如此忙碌的并不是紧张的工作和生活，而是人们内心对追求更高更好的物质生活的一种焦虑和饥渴。

吉祥上师曾经讲过这样一个故事：

一只狐狸想溜进一个葡萄园里大吃一顿，但是栅栏的空隙太小，它钻不进去。在狠狠地节食三天后，它总算能钻进去了。但是，当它大吃一顿以后又出不来了，只好在里面又饿了三天，才得以出来。这只狐狸感慨地说：“忙来忙去，到头来还是一场空。”

反观我们忙忙碌碌的一生，常常像这只狐狸一样，只顾着奔向目标，却常常因为目的性太明确，而丧失了欣赏沿途风景的心情。所以，我们总是抱怨休息太少，长假太短，好像只有时间上的空闲才能让我们的心灵得到放松。也正是基于现代人的这种心理诉求，吉祥上师提出了这个全新的概念——心灵度假。

心灵度假的内涵中，最重要的一点就是通过抚平都市人焦虑、躁动的心灵，进而帮助大家摆脱烦恼、郁闷、狂躁等现代生活病，并在每个人的内心建立起清净、开阔、欢喜的世界。让人们真正体会到身心俱安的快乐。让那些在紧张繁忙中迷失自我的人们，早日破解幸福的密码，找到开启自己快乐心灵的钥匙。

很多人都知道，瑞士是世界上国民幸福指数最高的国家，却很少有人知道瑞士的首都是不通飞机的。瑞士是一个多湖的国家，星罗棋布的大小湖泊遍布全国。漫步在湖边的草地上，静谧到极致的风景便笼罩了你。站在水边，望着一碧如洗的水中天，简直分不清哪是水哪是天。水天一色的澄澈可以让所有的浮躁都安静下来，每个到过那里的人都会不由自主地融入其中，做了画中之人。所以，当初有人提出要在首都修建机场时，绝大多数市民都投票反对，因为他们不愿让飞机的噪音影响城市的安静，不愿看到繁忙的飞机掠过城市的上空，也不愿意让现代化的进步改变他们原本快乐的生活节奏。所以，大多数人只知道瑞士是世界上最富裕的国家之一，却不知道真正富有的是他们气定神闲的灵魂。

如果我们能够在现代化生活的疲惫中，时常给自己的心灵放个长假，让为物质生活奔忙的灵魂早点回到宁静的心灵家园，那么我们就会天天都有好心情，天天也便都是快乐的假期了。

慧心智语

每天都有好心情，天天都是好假期。

【第二章】

幸福是所有生命的唯一渴求

“慈是与乐，悲是拔苦。”人们常常将人生比喻成无边的苦海，能够离苦得乐，是每一个生命的渴求。行走在滚滚红尘中，每天都会遇到各种烦恼，需要我们不断去接受和克服。就像每天给心灵除草，我们应随时掐断烦恼的幼苗，用自己的智慧找到更多快乐的理由。

别让烦恼从豆芽长成参天大树

一天，一位睿智的老师与他年轻的学生一起在森林里散步。走着走着，老师突然停了下来，仔细地看着身边的四株植物：第一株是一棵刚刚冒出土的幼苗；第二株已经算得上是挺拔的小树苗了，它的根牢牢地扎在肥沃的土壤中；第三株已然枝叶茂盛，差不多与年轻学生一样高；第四株是一棵高大的橡树，年轻学生几乎看不到它的树冠。

老师指着第一株植物对年轻学生说：“把它拔起来。”年轻学生用手指轻松地拔出了幼苗。“现在，拔出第二株植物。”年轻学生听从老师的吩咐，略微用力，便将树苗连根拔起。“好了，现在，拔出第三株植物。”年轻学生先用一只手拔，然后改用双手全力以赴，最后，第三株植物终于倒在了他的脚下。“好的，”老师接着说道，“去试一试那棵橡树吧。”年轻学生抬头看了看眼前高大的橡树，想了想自己刚才拔那棵小得多的树木时已然筋疲力尽，所以他拒绝了老师的提议，甚至没有做任何尝试。“我的孩子，”老师叹了一口气说道，“一个人的习惯就像是眼前的这棵橡树，一旦长成，想要拔除，可不容易啊！”

这个近似寓言的小故事告诉了我们这样一个道理：无论是好的习惯还是坏的习惯，一旦形成，就会十分牢固，你使用最大的力气也很难拔起。所以，在那些不良的小习惯还没有长成不可撼动的大树之前，应及时改正，将坏习惯扼杀在萌芽状态。

生活中的习惯其实有很多种，有的是单纯的卫生习惯，比如勤换衣服、保持良好的卫生环境，有的属于我们精神层面的习惯，比如个人的爱好、欲望、性格、思想等。而现代社会中，人们最容易在忙碌和焦躁中形成的习惯就是——烦躁。

也许很多人都会有类似的感觉，生活在我们周围的人，说得最多的一个词就是“烦”。“最近比较烦”、“特别烦”、“烦死了”、“太讨厌了”、“实在受不了了”……人们用种种同义词倾诉着相同的主题，宣泄着对生活的不满。

可是，如果我们愿意静下心来梳理一下烦恼的源头，就会发现惹我们生气的其实都是一些小事情。而这些鸡毛蒜皮的小事总是让我们烦恼、生气，进而发怒，严重时还会因此摔东西、打骂周围的人。更有甚者，还会因为在公交车上被踩了一脚，打得头破血流、闹出人命。这些怨恨、怒气与烦恼，都是没能够在厌烦的时候有效地克制，而是任由不良情绪滋长的结果。久而久之，内向型的人就会抑郁，外向型的人就会狂躁。这是非常可怕的事。

那么，该如何控制我们的烦恼不像春天的野草一样疯长呢？有人说应该在烦躁的时候睡觉，有人说应该出去逛街看电影，也有人说应该找朋友们聊天散心……不管采用什么样的方法，想要达到的目标只有一个：消除刚刚萌芽的烦恼。吉祥上师曾做过一个风趣的比喻：“别让烦恼从豆芽长成参天大树。最好每天都给自己一个温馨的提醒：将忧愁消除在萌芽状态。如此循环，我们就能养成平和的心态，烦恼越来越少，幸福越来越多。”

“别让烦恼从豆芽长成参天大树。”这是多么形象的一个比喻啊！当我们的烦恼、忧愁、懦弱和悲伤才刚刚起步的时候，就像刚刚破土而出的小幼苗，只要稍稍用力，就可以连根拔除。这个时候，只要我们在心灵的沃土里种下善良、欢喜、分享、感恩等美好的种子，并细心培植、精心呵护，就可以使之茁壮成长，并慢慢生根，最终长成一棵参天大树。

慧心智语

最好每天都给自己一个温馨的提醒：将忧愁消除在萌芽状态。如此循环，我们就能养成平和的心态，烦恼越来越少，幸福越来越多。

巧克力和香蕉的甜蜜比较

某次讲法中，当吉祥上师讲到何为“幸福”时，忽然吩咐弟子给在座的人派发巧克力豆。等大家吃过巧克力豆后，他又让弟子给大家每人发了一个香蕉。然后，上师问人们：巧克力豆甜不甜？毋庸置疑，在场的人异口同声地认为：“很甜。”上师接着问：“香蕉甜不甜？”人们的答案就不一样了。刚才还没有来得及吃巧克力豆的人，咬了一口香蕉，觉得很甜。而刚才吃了巧克力豆的人，再吃香蕉的时候就摇着头说“不甜”。

上师微笑着对大家说：“其实巧克力和香蕉都是很甜的，你们的区别是因为有了‘甜蜜的比较’。因为有了更甜的巧克力，再吃香蕉的时候往往就觉得不甜了。这就像我们的生活，很多时候，我们的幸福并不是因为我们本身拥有的太少，而是因为我们要求的太多，总是和过去、和他人比较太多，计较太多。不是香蕉不甜，而是我们的心在这比较中纠缠得太‘苦’了……”一席话过后，清修的道场上一片沉寂，人们都陷入了对自己的反省与沉思中。

孔子说：“未得之患得之，既得之患失之。”人们总是在瞻前顾后中比较着彼此的家庭、事业、爱人、孩子、车子、房子……有时候觉得自己比别人好一点，有时候觉得别人比自己强一点，就在这种不由自主、患得患失的比较中获得快乐生活的勇气。

上师曾经举了一个例子：

在美国某个中产阶级的街区，有几个乞丐常年在街口行乞。过往行人有的施舍给他们点钱，有的就捂着鼻子从他们身边不屑地走过。但是，虽然有很多流浪的乞丐，这个街区的治安却出奇的好，没有发生过任何不良的现象。但是，后来街区整修，人们觉得有乞丐在路边实在不雅，所以就把他们赶走了。可街道整齐了之后，治安反倒不好了，偷盗、抢劫等暴力事件时有发生。人们一时之间竟然不知是什么原因。

上师说，其实道理很简单，就是两个字：比较。

当一个人觉得自己满脑子都是悲苦的时候，虽然西装革履地上班，却承受着巨大的生活压力，内心的烦躁和无奈早晚会让他崩溃。但是，当他看到世界上还有乞丐的时候，看到他们衣衫褴褛、流落街头的时候，他会怎么做呢？他会拿出一点钱来接济他们。这个时候人就会容易满足。但是，当乞丐不在街区时，他一出来，满街的人都光鲜亮丽，属自己最差，时间久了就会觉得自己的生活没有希望了。内向的人往往就会自暴自弃，外向的人可能就会仇视社会。无论哪一种情况，于人于己都是有害无利的。

所以，上师开解人们说：最好不要把我们的快乐建立在简单的比较上，这样的话我们虽然容易获得庆幸的感觉，却很难长久地支撑自己的满足感。“比上不足，比下有余”常常是一句自欺欺人的话，在这种比较中寻求快乐是极其不安全、不明智的。因为真正的快乐应该是对他人的幸福没有过多的羡慕，对别人的痛苦却感同身受。这个时候，我们的幸福才是真正恒久的。

不管分到我们手里的是香蕉还是巧克力豆，不管我们原来品尝过的是青涩还是香甜的味道，每一口品尝，都应该认真体会。就像每一段人生，不管它是否像别人一样完美，有没有预期的精彩，我们都应该用心度过，用自己的智慧点燃幸福的火炬。

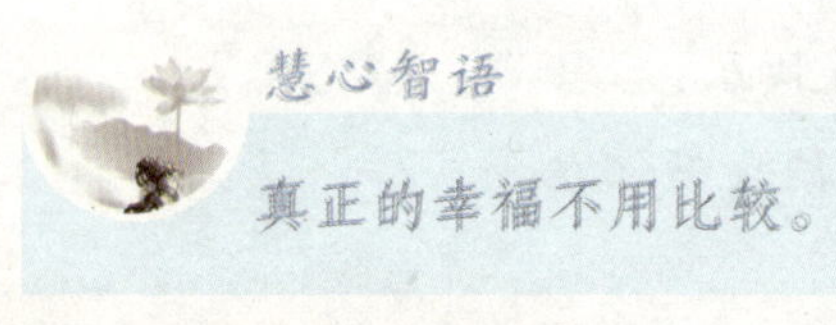
慧心智语

真正的幸福不用比较。

感恩是最好的减压方式

先来看这样一组统计数据：假如将全世界的人口压缩成一个100人的村庄，那么这个村庄将有：57名亚洲人，21名欧洲人，14名美洲人和大洋洲人，8名非洲人；52名女人和48名男人；30名基督教徒和70名非基督教徒；89名异性恋和11名同性恋；6人拥有全村财富的89%，而这6人均来自美国；80人住房条件不好，70人为文盲，50人营养不良，1人正在死亡，1人正在出生，1人拥有电脑，1人（对，只有1个人）拥有大学文凭……

现在，当你看完这份调查报告后，是不是有所触动呢？我们不是文盲，没有营养不良，甚至还拥有电脑和舒适的住房。原来，我们的生活并没有想象中的那么糟糕。我们整天哀叹、抱怨的"苦日子"放在更广大的时空里，竟然是很多人甘之如饴的渴求。原来，这就是幸福的味道。

如果我们以另一种眼光来衡量世界，或许感受将会更加强烈。一篇网络文章中曾提到：

"如果今天早晨起床时身体健康，没有疾病，那么我们比世界上其他几千万人都幸运，他们有的因为疾病和灾难甚至看不到下周的太阳；如果我们没有尝试过战争的危险、牢狱的孤独、酷刑的折磨和饥饿的煎熬，那么我们的处境比其他5亿人要好……如果我们的冰箱里有可口的食物，身上有漂亮的衣服，有床可睡，有房可住，那么我们比世界上75%的人都富有；如果我们在银行有存款，钱包里又有现钞，口袋里也有零钱，那么我们已经成为世界上8%最幸运的人。此时，如果我们父母双全、没有离异，那我们就是很稀有的幸运的地球人；如果读了以上的文字，我们能够理解、能够明白、能够体会到自己的幸运和快乐，说明我们已不属于20亿文盲中的一员，他们每天都在为不识字而痛苦……"

Thank you

当这些温暖的文字不断流入人们的眼中，很多人涌出了热泪。原来，幸福不在别处，就在我们的手中。我们拥有着很多人羡慕的工作、事业与家庭，拥有着健康、阳光与和平，拥有着人世间最真挚的亲情、爱情与友情……可是，就像很多时候我们常常会手里拿着东西却满屋子去找一样，我们竟然握着自己的幸福而不自知。

我们为得不到而忧虑，为已失去而懊恼，却忽略了我们手中已经拥有的幸福。因为我们几乎同时忘记了一件很重要的是：感恩。

用吉祥上师的话来说："感恩是最好的减压方式。它能够让我们明白活在当下的分分秒秒都是一种莫大的幸福。"从历史的延续性上来看，无论是物质技术还是文化传统，主要来自继承前人的成果。而就活在当下来讲，我们每个人的生活也都依赖他人劳动的成果，包括衣食住行、柴米油盐。我们在获得每一粒米、每一件衣服的时候，都应该存着这样的感恩之心。

感谢赐给我们生命的父母；感谢给了我们人间欢乐的爱人和朋友；感谢人类曾经用鲜血的教训换来的和平与稳定；感谢日新月异的科技为我们的生活带来便利……当然还要感谢阳光、雨露的滋养，感谢土地对我们生生不息的孕育。

很多人抱怨生活的不完美，却不知道还有更坏的生活，就像有的人抱怨自己没有鞋穿的时候，是因为他没有看到有的人还没有脚。其实，我们不需要通过与别人的比较来获得幸福，我们应该把目光收回来，放在自己的手里，珍惜我们拥有的一切。

慧心智语

学会以感恩之心来面对生活的赐予，并相信我们的生活正在以最好的方式徐徐展开。

用智慧找出更多快乐的理由

据说，上天在创造蜈蚣时，并没有为它造脚，但是它们可以爬得和蛇一样快。有一天，它看到羚羊、梅花鹿和其他有脚的动物都跑得比自己快，心里很不高兴，便嫉妒地说：“哼！脚愈多，当然跑得愈快！”于是，它祷告说：“神啊！我希望拥有比其他动物更多的脚。”上天答应了它的请求。他把好多好多脚放在蜈蚣面前，任凭它自由取用。蜈蚣迫不及待地拿起这些脚，一只一只地往身上贴，从头一直贴到尾，直到再也没有地方可贴了才停止。

当蜈蚣心满意足地看着满身是脚的自己时，心中一阵窃喜:“现在，我可以像箭一样地飞出去了！”但是，等开始跑时，它才发现自己完全无法控制这些脚。这些脚各走各的，它只有全神贯注，才能使一大堆脚顺利地往前走。这样一来，它走得比以前更慢了。

这故事告诉我们一个简单的道理：有时候，多不一定就是好事情。

现代社会，人们越来越重视对金钱、权势的追求和对物质的占有，好像什么东西都是越多越好。殊不知，金钱和权力固然可以换取许多的享受，可不一定能换来真正的快乐。钱越多的人，内心的恐惧感常常越深，他们怕偷、怕抢、怕被绑架。权势越大的人，危机感越强烈，他们不知何时会丢了乌纱帽，不知何时会遭人陷害，因此不得不时时小心，处处提防，惶惶然终日寝食难安。

所以，吉祥上师告诉我们说：“这个世界上只有一个东西是越多越好的，那就是——快乐。只有我们不断用自己的智慧找到更多快乐的理由，我们的人生才是不断精进的、不断丰富的、不断圆满的。”

上师的一个弟子曾讲起自己小时候的一件事：

那是一个刚满16岁就辍学出来打工的孩子，因为文化水平不高，只能做很重的粗活儿，比如洗碗、刷盘子，每个月最多只有二百多块钱的工资。认识上师时，上师觉得他很可怜，于是问他当年的感受：“你当时做这么累的工作，赚这么点钱，你会不会觉得很不开心？”弟子摇头说：“不会啊，我很开心。因为在家时父母要给我零花钱的话也就几十块钱，可是我现在可以自己赚

到二百块钱了，我从来没有这么多的零花钱。”

后来，这个弟子也开始了自己的创业生涯。刚开始时，他只要赚个一万、两万，甚至几千块钱，都觉得非常高兴。因为他的目标很低，所以很容易达到，也容易获得成就感，有了成就感就容易获得快乐。但是，当他到了年收入一百万的时候，反而就没有最初的快乐了，因为他希望可以赚一千万，赚不到一千万就不高兴了，就对事业很失望，就觉得工作有缺憾。

当他将自己的经历与苦恼告诉上师的时候，上师开导他说：快乐与我们拥有的多少无关，与我们的满足感有关。快乐就是快乐，刷盘子洗碗也可以快乐，开着奔驰宝马私家飞机也可能不快乐。蜈蚣的脚很多，却没有原来跑得更快；富翁们的钱很多，却没有打工的小孩更能体会人生的快乐。正如上师所说：“一个人，真正的智慧是可以帮助自己找到更多快乐的理由。”唯其如此，我们人生幸福的雪球才会越滚越大、越滚越圆。

快乐，是所有生命的渴求。人生一世，匆匆地来，匆匆地去，能够把握和感受的只有爱与快乐。短短几十年的欢愉相对于历史长河来说，实在微不足道。但对于每一个生命来说，这却是最宝贵、最强烈的渴求。

用我们的智慧找出那些埋藏在身边的快乐吧，为亲友们的支持，为孩子们的进步，为周围人的良善，为扩宽的马路，为新修的商场，为怒放的玫瑰，为酷暑的清凉，为一花一叶、一颦一笑，为四季的轮回、生命的欢腾而喜悦、幸福。

太阳升起，大地一片光芒。这是我们每个人最初的幸福。

慧心智语

快乐与我们拥有的多少无关，而与我们的满足感有关。

【第三章】

懂得爱，学会爱

一个人修佛，绝对不是要修成寡情薄义，修成枯木寒岩。一颗没有爱的心，怎么可能会升起欢喜与善念？一颗未曾有过真爱的心，始终难生大爱。如果你想学佛修法，那么你最好不要空谈众生平等，而要从对身边每一个人的小爱做起，懂得慈悲、懂得信任、懂得宽容。

理想的伴侣：带得出来，带得回去

曾经有人做过一个调查，问题是：现代社会中理想伴侣的条件应该是什么？在答案公布之前，人们以为可能是钻石王老五，或者是才貌双全、德艺双馨、气如香兰的美女……但答案非常简单。很多人看了之后，不禁大跌眼镜。

那么，理想伴侣的条件究竟是什么呢？简而言之，就是八个字：带得出去，带得回来。这个条件看起来实在太简单了，但只要你仔细去想想就会发现，其实这八个字才是最难的。吉祥上师对此曾有过精彩的分析，在他看来，“全国发行量最大的两本杂志，一个《读者》，一个《青年文摘》，都对此调查进行了转载。它们的发行量都是突破几千万份的，但还是在海量信息中将这一调查摘选出来，可以充分地说明这是整个社会的典型问题——人的不信任。连伴侣这么亲密的关系都存在不信任的话，我们还能信任谁？这个社会能不让人感到冷漠与悲凉吗？”

但是，社会的现状就是这么可悲。我们可以看到，很多伴侣你把他（她）

带到一个大的交际场上去了，他看到更美的、更年轻的、更漂亮的女人；她看到更有钱的、更英俊的、更有才华的男人。结果，男人会怎么样？很多人当场就会交换名片，互留电话号码。通信设备如此发达，回去之后，短信飞来飞去，电话打来打去……聊着聊着就带不回来了。

所以，人性不确定到这个地步，人怎么能不设防、不多疑、不痛苦呢？昨天还是同床共枕的夫妻，第二天就劳燕分飞，去民政局离婚了。试想我们连共同生活的人都不能再信任，我们还能相信谁呢？

一些国家是不允许离婚的。曾有一对中国夫妻，他们想要在一个这样的国家领取结婚证。当他们看到不能离婚的规定时，年轻人变得有点紧张。但好在这个国家的政策比较宽松，说是可以自由选择结婚的年限。所以，他们选择了一年的婚约。结果，当他们去缴费时，发现需要交纳高达600美元的结婚费。这让他们非常害怕，并庆幸只选了一年的婚期。

在这一年中，他们互相磨合、适应，发现对方就是自己要找寻的可以成为终身伴侣的人。于是，他们在第二年又去续约自己的结婚年限。这一次，他们带上了自己全部的现金，因为上次选了一年的婚期都要那么多的钱，一辈子的婚期不知道要交纳多高昂的费用呢？结果，出乎意料的是，他们只交了五美分的费用。因为，如果他们愿意此生相守，就证明了他们彼此的信任与扶持将伴随整个的生命。因此，他们理应接受社会的祝福，也不需要交纳昂贵的费用。

其实，爱情与婚姻都不是某个人的付出或某个人的享受，而是需要两个人共同经营的一份事业。风雨中彼此扶持，阳光下共享欢笑。世界因为有爱，所以我们才能在有限的生命中坚持着走到最后。爱情不仅是甜蜜的选择，也是一种勇敢的承担。

有人说：“情如鱼水是夫妻双方最高的追求，但是我们都容易犯一个错误，即总认为自己是水，而对方是鱼。”长相守才能长相知，长相知才能不相疑。不论何时，都应牢记结婚时的约定，恋爱时的誓言：无论贫穷、疾病都不能把我们分开，直到死亡的来临。也唯有这份彼此的信任，才能让我们敢于把彼此带到富丽堂皇的宴会厅，带到热闹喧哗的大排档。而无论在哪里，无论身处何方，能够一起回家的感觉都应该是最大的幸福。

正如歌中所唱：“我能想到最浪漫的事，就是和你一起慢慢变老。直到我们老得哪儿也去不了，你依然是我手心里的宝……”这种境界恐怕是现代人对爱情的最高企盼了吧。

慧心智语

理想伴侣的条件究竟是什么呢？简而言之，就是八个字：带得出去，带得回来。

男人可以没才没钱，但不能没责任感

在这样一个重物质而轻精神的时代，估计很多人在看到这个标题时会瞠目结舌。这个年代，有才的男人可以玩浪漫，有钱的男人可以玩深沉，而没才没钱的男人，简直连“活路”都没有了。可是，这种普遍看法中，其实存在了很多时代的隐忧。比如，当我们以金钱的多寡来衡量人格的魅力时，必然会忽视很多人性本身美好的品质。而这些恰恰是我们不应忽略的人性优点。

我们总是能听到许多杀人、灭门的惨案，为了一点蝇头小利，多少年的兄弟也会反目成仇，为了拆迁的房款，有的人甚至向自己的父母妻儿举起了屠刀，凡此种种都让人心生恐惧。所以，我们怀疑、忧虑、恐慌，觉得弥漫在我们周围的只有利益，因为利益是物质世界能见度最高的东西。可是，智者的眼光通常与我们的是不同的，他们能够拨开尘世的迷雾，在纷繁复杂的现象中找到直抵人心的最宝贵的财富，比如吉祥上师。

上师曾提到一个非常感人的故事。故事中的主人公是一个单纯的大学生。在一次抓小偷时他被歹徒砍了数刀，不幸遇难身亡。上师非常欣赏这个男孩子的一句话：“男人可以没才，可以没钱，但是绝对不能没有责任感。”上师解释说：“我们的才华和财富都是可以不断积累的，但我们纯良的本性以及由此生发出来的美德，却是才华和财富所无法取代的珍宝。我们在勤修自己的才华，珍惜自己的财富时，千万不要忘记守护自己的良知。”

即便在物欲膨胀的今天，这样的话听起来也让人心头一震。“人之初，性本善”，在那些没有被污染的世界里，在孩子们没有被极端物化的眼睛里，我们才能找到人类美好的品质，才能发现支撑我们走向未来的勇气和希望。也许，有人会说，这是多么傻的事情啊，他完全可以视而不见、听而不闻的。

可是，社会能够发展到今天，无论是和平的条款、商业的规约，还是婚姻的缔结，哪一次不是跟责任有关的呢？没有责任，何来义务？没有义务，何来权利？我们总是躲避责任，那么有一天，当偷东西的手伸向我们的钱包，当歹徒的刀向我们挥来的时候，还有谁愿意帮助我们呢？如果我们也放弃责任、放弃原则、放弃坚守，那我们拿什么来要求别人对我们负责呢？我们拿什么来信守我们的承诺，兑现我们的约定呢？

正因为一些人缺少担当责任的心态，所以在许多婚姻中，人们总是抱怨自己付出得太多，对方给予得太少。可是，人们似乎忘记了婚姻更多的并不是恋爱的激情，而是漫长婚约里的责任。如果仅仅凭借激情的参与，爱情也好、婚姻也罢，哪怕是友谊，也很难经久不衰地维持下去。既然选择了相知相惜，就应该在责任的牵引下，相伴相守，风雨同舟。

现在，有些女孩子在择偶时总是过分强调物质条件，却忽视了对其人品的要求。一个人即便学富五车，日进斗金，但如果缺少了一颗责任心，一份对家庭、对他人、对社会的责任感，他的灵魂也终究是残缺不全的。与此相比，一个愿意为家人承担责任，愿意为社会和谐贡献力量的人，反倒是虽贫犹富，因为他富有的是精神。

换句话说，一个有责任心的人，他将会在事业上得到更多的信任，得到更好的平台和发展，又怎么会是注定贫穷的人呢？老天爱笨小孩，踏实地走好人生的每一步，才是通向美好人生的捷径。

慧心智语

一个人即便学富五车，日进斗金，但如果缺少了一颗责任心，一份对家庭、对他人、对社会的责任感，他的灵魂也终究是残缺不全的。

生命的关怀有时只是一粒米

一个人在听了佛法教人以布施后，对禅师说："等我以后有了钱，一定广修供养，做一些济世救人的事业。""等你有钱以后再行布施，那你永远不会有钱，也不会布施。""为什么呢？""因为富有从布施中来呀！所谓舍得，都是先有舍，后有得。""可是……"这个人面露难色，"我很贫穷，连饭都吃不饱，该如何布施呢？"禅师从那人碗里夹起一粒米，停了一会儿，说："以一颗真诚恭敬的爱心，从一粒米做起。"

这位对"一粒米的恩情"都念念不忘的禅师就是吉祥上师。也许，在很多人看来，一粒米算不得什么，它无关饥饿、健康、财富，甚至不会给生命带来细微的改变，可是，在上师的眼里，一粒米中却包含着对生命最初的关怀和最深的敬意。很显然，一粒米对于我们来说是无所谓的，可对一些小生灵来说，却是生死攸关的。

我们小时候都曾经蹲在大树下看蚂蚁。那些小小的蚂蚁抬着一粒米艰难前进着，恐怕很多人都对这一情景记忆犹新。当我们看着那群小小的生命因一粒米而饱满、欢愉时，我们干枯、冷漠、僵硬的心，也因为见到这种生命的渴求与收获而润泽、柔和、欢喜。

正如上师所说："我们的生命由每粒米来养护。"在每一粒米中，都蕴涵着大自然的生命力，在这微小的米粒里，我们把这构成生命要素的关怀送给其他生命，让他们与我们一同分享：分享我们的情谊，也分享我们对生命的敬意。在这原本无所谓的一粒米中，我们获得了深深的快乐。因为它装载了大自然的阳光、空气、清风、细雨，也装下了我们的同情、慈悲、爱心与善良。正如吉祥上师开解弟子说的那样："即使小小的善心，也会给我们带来无量的快乐与福气。"

细细想来，生活中的很多事情也是如此，常常并不是我们没有能力去做，而是我们肯不肯去做，有没有一颗无微不至的关怀他人的善心。

有一个关于荣西禅师的故事：

在一个寒冷的冬夜里，有一个乞丐来到寺院找到荣西禅师，向禅师哭诉家中妻儿已经多日未能进食，眼看就要饿死了，不得已来请求禅师救助。荣西禅师听完后非常同情他的遭遇，慈悲之心顿生。可是自己身边既无金钱，也没有多余的食物，该怎么办呢？他左右为难地环顾四周，突然，他看到了准备用来装饰佛像的金箔。于是，荣西禅师对乞丐说："把这些金箔拿去换些钱，给你的妻子和孩子买些食物吧！"

等到乞丐离开后，一直站在荣西禅师旁边的弟子终于忍不住了，他埋怨荣西禅师说："师父，您怎么可以对佛祖不敬呢？"荣西禅师心平气和地对弟子说："我之所以这么做，正是出于对佛祖的一片敬重之心啊！"弟子愤愤不平："这些金箔本来是用来装饰佛像的，可您就这样送给了乞丐，我们要用什么来装饰佛像呢？这又怎么是敬重之心呢？"荣西禅师正色说："平日里你们诵读的经文、修习的佛法都到哪里去了？佛祖慈悲，割肉喂鹰、以身饲虎都在所不惜，我们怎么能为了装饰佛身而置人性命于不顾呢？"

这样的诘问，恐怕不管是谁都会惭愧地低下头。

荣西禅师的话与吉祥上师的教诲如出一辙。在我们看来很微小的事情也好，或者很庄严的事情也罢，其实都逃不过最简单的两个字：慈悲。当我们以慈悲心关爱众生，愿意解人于危难，救人于水火的时候，即便我们没有参拜神佛，也是对佛法最深的恭敬。

慧心智语

很显然，一粒米对于我们来说是无所谓的，可对一些小生灵来说，却是生死攸关的。

【第四章】

服务别人，完善自己

“在服务别人中完善自己。”这是吉祥上师在闭关修炼时，写在笔记本电脑上的几个字，也是上师经常教导弟子的话，也是他勉励自己的座右铭。在这平凡的话语中，我们读到的不是惊天动地的宣言，而是上师脚踏实地、平凡质朴的誓言，是春风化雨、静水流深的承诺。

先迈出你的脚，我才给你我的手

德国有一句著名的谚语，译成英文是这样的：You first move your feet，and then I will give you my hand．翻译成中文就是：“先迈出你的脚，我才给你我的手。”这是吉祥上师和一个外国朋友聊天时说起的话题，上师说这句话让他毕生难忘，因为它包含着深刻的智慧与哲学。

上师解释说：“如果一个人站在那里不愿意迈步的话，你伸手拉他，会是什么样的结局呢？他的脚不动的话，他的身体就会前倾，人就会摔倒。”也许有人会觉得这是人所共知的常识，但是，人与人的差别正在于在生活的细微处捕捉真知灼见的能力。就是在这样的小事中，上师看到了智慧的闪现：你不要无偿地帮助一个人。因为你总是无偿地帮助一个人，一开始的时候，他可能会很感动，但时间久了，他总是伸手即得，就会渐渐麻木，不但失去了最初感恩之心，而且也会对别人的扶持渐生依赖。总有一天，他就会站在那里不动，到时候，你一伸手，他只会摔倒在你的面前。

“自助者天助”也是这个道理，只是没有上师解释得如此形象。我们帮助别人本来是好心，但如果不加节制、不懂智慧地付出，就会适得其反。世界上因为得到了别人的扶持而迷失自我、放弃努力的人实在太多了。

很多人都听过“观音躲雨”的故事：

有一个人在屋檐下躲雨，看见观音撑伞走过，于是这人马上说：“观音菩萨，都说您普度众生，请带我一段吧。”观音说：“我在雨里，你在檐下，而檐下无雨，你不需要我来度。”这人立刻站到雨中，说：“现在我也在雨中了，您该度我了吧？”观音说：“你在雨中，我也在雨中，我不被淋，因为有伞；你被雨淋，因为无伞。所以不是我度自己，而是伞度我。你要想度，不必找我，请找伞去！”说完便走了。

第二天，这人遇到了难事，便去寺庙里求观音。走进庙里，才发现观音的像前也有一个人在拜，那个人长得和观音一模一样。这人问：“你是观音吗？”那人答道：“我正是观音。”这人又问：“那你为何还拜自己？”观音笑道：“我也遇到了难事，但我知道，求人不如求己。”

遇到困难时，我们要先想到自己帮助自己。明白了这个道理，我们才能向观音那样，既懂得解救他人，也懂得拯救自己。在智者的眼中，人只有自己先独立起来，才能去帮助别人。如果凡事总是自己先把自己打败了，连自己也无法自救，又何来救人的本领呢？

同样的道理，如果我们希望得到别人的帮助，我们应该先学会迈出自己的脚，主动寻求突破人生瓶颈的渠道。如果我们希望能够帮助别人，也应该先考虑如何智慧地施恩，让他人既获得帮助，也保留做人的尊严与独立。所谓“自利利他，自助天助”正是佛法的“中道”智慧。

曾经有一个穷人，在冬天来临的时候，没有钱买木柴了。于是，他去向一个富人借钱。富人爽快地答应借给他两块大洋，而且还很大方地说：“拿去花吧，不用还了！”穷人犹豫了一下，接过了钱，小心翼翼地包好后，就匆匆往家里赶。富人冲他的背影又喊了一声：“不用还了！”第二天大清早，当富人打开院门的时候，发现门口的积雪已经被人扫过了。他打听之后，才知道雪是昨天借钱的穷人扫的。富人想了想，忽然明白了一个道理：自己昨天的举动只是给别人一份施舍，这只会将别人变成乞丐。于是，他让穷人写了一张借条，约定以扫雪来偿还借款。

通过这个故事，我们可以明白一个道理：在帮助别人的时候，不要存有施舍的想法，那样无疑会有损他人的尊严。反之，如果我们需要别人的帮助，不但要心存感恩，还应该明白永远保持自己人格的独立。我们必须先迈出自己的脚，才有可能握住别人伸过来的手。也只有当我们自立自强之后，我们对他人的扶持才算是一种有力的支撑。

慧心智语

如果一个人站在那里不愿意迈步的话，你伸手拉他，会是什么样的结局呢？他的脚不动的话，他的身体就会前倾，人就会摔倒。

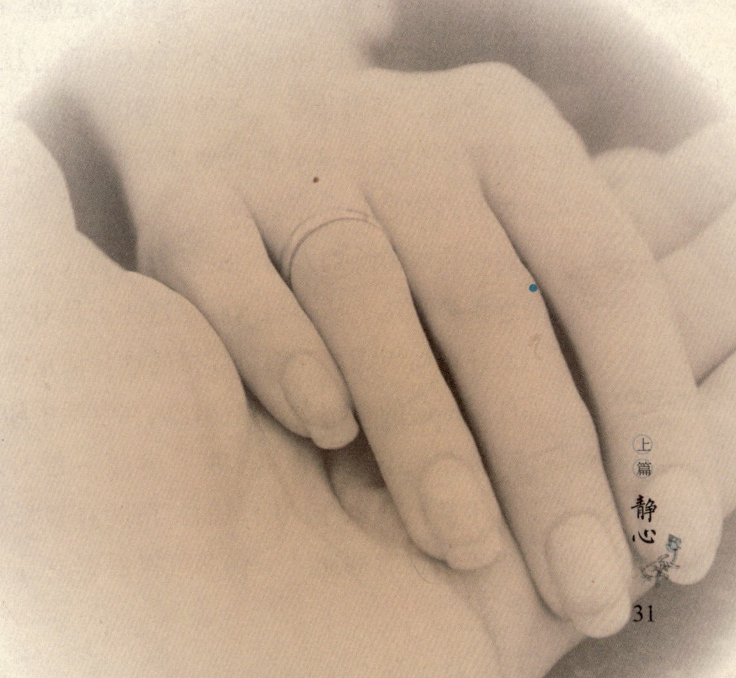

长得漂亮不如活得漂亮

“如花美眷终究敌不过似水流年”，恐怕很难找到更贴切的话来形容生命与世事难以永恒的无奈。我们的生命就像一粒不断生长的种子，沐风栉雨、历尽春秋，有开有败，有草木繁茂也有落叶凋零。人生苦短，几十年的春秋倏忽而至，飘然而去。最好的年华，却只有那么几年。所以，很多人都希望自己可以在有限的舞台上绽放出无限的华美，这既是人之常情，也是珍惜生命的表现。

曾有人说，25岁之前的容貌是父母给的，青春的五官写满了诗情画意，怎么看都是美的，而25岁之后，容貌便是自己修炼来的，举手投足的优雅、运筹帷幄的机敏、谈笑风生的智慧，都是人们面子后面的里子，而正是这里子决定了每个人的面子，胸怀、气度可以将一个相貌平平的人变得气宇轩昂，也可能会让一个仪表堂堂的人面目可憎。佛说的“相由心生”就是这个道理。

正是基于这样的道理，吉祥上师才劝诫世人：“每个人都应该做自己心灵的理容师，做一个长得漂亮，更要活得漂亮的人。”

一个著名散文家也曾这样评价女人的妆容：“三流的化妆是脸上的化妆，二流的化妆是精神的化妆，一流的化妆是生命的化妆。”这与上师的看法非常相似。在今天这样一个化妆技术和整容技术都非常发达的年代，淡妆、浓妆、裸妆、烟熏妆等，各种类型的流行妆容穿梭在流行脚步中，令人们目不暇接。但是，这只能改变我们留给他人的初始印象，而这个印象留在人心里的感觉是非常短暂的。

能够长久影响别人感觉的是我们的气质、精神与思想，简而言之，是我们的善良、豁达、从容与信心，这些正是对生命底色的装扮。“石韫玉而山晖，水怀珠而川媚。”西晋陆机的这句话正是对智慧之美的绝佳判断。智慧是一件穿不破的百衲衣，它能让人在生活中随处展现自己的魅力。

活得漂亮不是指青春永驻，容颜不老。实际上，那些已经在娱乐圈红了十几年甚至几十年的明星们，虽然看起来依然光鲜、漂亮，但只要拿出他们当年出道时的照片，仍然可以看到岁月的无情。正如周华健的歌唱的那样，“岁月如飞刀，刀刀催人老。再回首，天荒地老。”世界上没有永恒的青春，也没有不老的容颜，生老病死本就是人生常态。

吉祥上师告诉人们，要修炼内在的欢喜与圆满。当一个人的内心足够强大和聪慧时，当一个人的灵魂充满着慈悲与善良时，他内在的优雅与从容就会自然而然地散发出来。

这份淡定与潇洒可以让他在穿越人生每个阶段的时候，都能抵挡住岁月的侵蚀，可以让他在容颜老去后，依然活得有滋有味、有情有趣、有血有肉。可见，长得漂亮只是年轻时候的事，活得漂亮才是人一辈子的事。

拿起生命的剪刀吧，剪去嫉妒、抱怨、浮躁……种下宽容、舍得、谦让、慈悲的种子，以爱的力量拯救自己，装扮世界，告别生命的荒芜。

慧心智语

长得漂亮只是年轻时候的事，活得漂亮才是一辈子的事。

在服务别人中完善自己

“在服务别人中完善自己。”这是上师经常教导弟子的话，也是他勉励自己的座右铭。在这平淡的句子里，我们读到的不是惊天动地的口号，而是脚踏实地、平凡质朴的誓言。

“服务别人”这四个字看起来很平常，几乎每时每刻我们都能听到周围的人在强调服务的态度，但上师所说的服务精神却与我们想象的不完全一样。在上师看来，服务别人、满足他人的需求，不只是增加利润值的一种赢利，也是完善自我、提升人格的重要方式。他以洛克菲勒的故事为例，向人们讲述了赢利的根本是心灵的超然与收获。

洛克菲勒在53岁之前是一个一毛不拔的富翁，也是当时美国的首富。但财富并没有给他带来等值的快乐，相反，他抑郁到几乎自杀的程度。后来，一位心理医生推荐他看卡耐基的书，书中有一句话强烈地震动了他——如果一个人以富豪的身份死去，将是一种耻辱。在这之后，他开始广泛涉猎哲学领域，对东方文化产生了浓厚的兴趣，尤其是对佛学。他留给自己儿子的38封信中，处处透着佛法的智慧，其中有一句说：“儿子，我们不要仅仅只为工作而工作，为赚钱而赚钱，我们应该想想我们的工作能带给别人什么，然后这样去工作、去赚钱。”

这也就是说，“带给别人什么”应该是我们贡献自己，帮助他人的根本出发点。吉祥上师对此曾有颇为精辟的阐释。

上师教导弟子说，我们一般的赢利，只是想到我们怎么去赚钱，当我们这样去思考的时候，我们其实是在被动地帮助别人。我们想的是如果不满足他的需求，他就不会接受我们提供的服务，不会为我们的服务或产品埋单。但是，如果我们愿意主动地帮助别人，把赢利的事暂时放下，或者至少摆在第二位，而将我们真心希望满足他人需求这一想法放在首位的话，别人就会感觉到我们态度中的平和与温暖。在这样的心态下，我们的眼中便不会闪烁贪婪的光。我们友善、诚挚地去与他人交谈，与我们自私、冷漠地去攫取暴利的态度相比，哪一种更容易获得成功呢？答案不言自明。

很久以前，在英国的一个小镇上，曾经有一位富有但很孤单的老人。由于年事已高，他准备将自己漂亮的房子卖出去，换回钱来搬到疗养院里住。消息传开后，立刻有许多人登门造访，有人甚至开出高达30万英镑的价格。

在这些人中，有一个叫罗伊的小伙子。他刚刚大学毕业，没有多少收入，但特别喜欢这所房子。他打听了一下别人准备给出的价格，手里拿着仅有的3000英镑，想着该如何让老人将房子卖给他而不是别人。这时，他想起一位老师说的话：了解他人真正想要的东西。

他寻思许久，终于找到了问题的关键点：老人最牵挂的就是以后不能在花园中散步了。于是，罗伊找到老人，对他说："如果您把房子卖给我，您仍能住在您的房子里而不必搬到福利院去，每天您都可以在花园里散步，而我则会像照顾自己的爷爷一样照顾您。一切都像平常一样。"听了这话，老人那张皱纹纵横的脸绽开了灿烂的笑容，充满着爱和惊喜。当即，老人与罗伊签下了合约，罗伊首付3000英镑，之后每月付500英镑。

老人很开心，他把整个屋子的古董家具都作为礼物送给了罗伊，并高兴地向大家宣布这所房子已经有了新主人。

表面上，罗伊不可思议地赢得了经济上的胜利，而实际上，赢利的是他的善良与智慧，是老人和他之间的亲密关系，以及未来彼此幸福相伴的生活。所以上师说，在服务别人中完善自己，在艰难烦琐的尘世中考验我们的心性与智慧。

生命是一种彼此的成全。有时候，我们看似是在帮助别人，其实也是在找寻自己。物质世界的高速运转，常常让我们陷入对利益的空洞追逐中。此时，我们不妨将心铺开、让心舒展，以耐心、善心与慧心敲开彼此的心门，如此，即便没有了利益的牵涉与纷争，我们也同样可以获得心灵的宁静、愉悦与安详。

人生短暂，还有什么能比生命质量的提纯更为重要的事呢？

慧心智语

在善行中开阔自己，在利人中成全自己。

【第五章】

简单做人，简单处世

厚黑学、博弈论是近年来非常流行的话题，铺天盖地地教你诡计，好像缺少这些你将寸步难行。可是，在这些不动声色的交战背后，人们却活得越来越累。能够简单地为人处世不是更好吗？人越简单，人际关系就越简单，彼此之间的负担也就越少，相处起来才会更融洽。其实，智慧并不是绕来绕去的烦琐，而是化繁就简，直抵事情的核心。做人，亦如是。

人缘好的人办事总是很顺当

好莱坞有句流行语："成功不在于你会做什么，而在于你认识谁。"这是形容良好人际关系的再形象不过的说法了。人脉的重要性是我们每个人都认同的，所谓"多个朋友多条路"就是这个道理。孟子把"天时、地利、人和"看作是战争中取胜的三个要素。其实，人生之成败不也像极了一场战争吗？我们需要天时地利的机缘，也需要八面玲珑的人脉。

吉祥上师对此曾有过精彩的论断："一个总是忙忙碌碌、热热闹闹的人，多半人缘很好。只有愿意帮助别人的人，人们才喜欢求他办事。而这样的人一定是越来越忙，因为需要他帮忙的人将会越来越多。但同时，我们也可以看到，当他遇到困难的时候，帮助他的人也会很多，所以人缘好的人通常都比较好办事。"

上师曾就此提出过关于"佛商"的概念，其核心观点就是"超然心赢利"。上师教导弟子说：普通的赢利以"利己"为首要目的，甚至当成唯一的目的，人们的眼神会充满贪婪和索取，彼此间的信任也将荡然无存。在这种情况下，人们反而更难获利。但如果我们追求“心灵的赢利”，以超然的态度、助人的目标为赢利的指针，那么我们的心就会感到安乐、温暖、柔和，这样，我们将更容易获利。正如日本经营之圣稻盛和夫在《活法》一书中所说，“商业社会的核心价值应该是让对手和自己同时获利，要时时存有自利利人的精神”。

清代乾隆年间，南昌城有一位叫李沙庚的店主，他以货真价实赢得顾客满门，但他赚了钱以后便掺杂造假，对顾客也怠慢起来，所以生意日渐冷落。书画名家郑板桥来店进餐，李沙庚惊喜万分，恭请题写店名。郑板桥挥毫题写“李沙庚点心店”六字，墨宝苍劲有力，引来众人观看，但还是无人进餐。原来，郑板桥的“心”字少写了一点，李沙庚请求补写一点。但郑板桥说：“没有错啊，你以前生意兴隆，是因为‘心’有了这一点，而今生意衰落，正因为‘心’上少了一点。”李沙庚感悟，才知道经营人心的重要。从此以后，他痛改前非，终于再次赢得了人心，赢得了市场。

生活是个大舞台，每一个人都在扮演着不同的角色，又在不停地变换着角色，各个角色之间时刻都在进行着各式各样的交往。一个好的人缘就是一张广大而伸缩自如的关系网，这张网可以让你活得轻松自在、潇洒自如，为你塑造一个完美的人生。如果你是一个有心的人，是一个懂得用心的人，那么你就应该注意与周围的人保持良好的人际关系。

好的人缘既可以为你赢来更多的支持，也可以把很多关系进行微妙的转化。比如，当你与客户建立起超越普通利益关系的朋友关系时，你就会更多地为他着想，这时，你的服务态度、服务理念都会发生根本的变化。而客户之于你，也是如此。当他们把你当成朋友时，也会尽力促成彼此更多的合作，这就形成了一种良性的互动。而且，你们还会为彼此介绍更多的朋友，因而可以扩展人际圈，争取更多成功的机会。

从来没有一个人的成就，是单打独斗的结果，如果没有强大的社会关系资源，个人能力再强也只有“望梦想兴叹”的份儿。可以说，一个人事业上的成功，几乎有80%靠的是人际关系，但如何打造一张属于自己的人际关系网，就需要我们认真思考了。

大多数人都只是生活在一个既定的圈子内。如果你接触的是同一群人，你的成长是有限的。如果你将自己限制在很小的社团内，就只会让自己觉得枯燥乏味、沉闷寂寞。所以，应多结交带“圈”的朋友，多参加社区活动，扩大自己的社交圈，让自己结交到各个阶层的朋友，这样，不但会使你的生活多姿多彩，而且能扩大你的视野，增长你的见识。

如果你能够不断扩大自己的生活圈子，你的交友层次就会不断提升。如果你能够勇于尝试新的事物，你就能突破内心种种的困难和障碍。由此，你就可以借助好人缘扩大自己的生活圈子，获得更大的空间和更大的成功。

慧心智语

一个总是忙忙碌碌、热热闹闹的人，多半人缘很好。只有愿意帮助别人的人，人们才喜欢求他办事。同时，当他遇到困难的时候，帮助他的人也会很多。

小事不做，大事难成

“1965 年，我在西雅图景岭学校图书馆担任管理员。一天，一位同事推荐一个四年级学生来图书馆帮忙，并说这个孩子聪颖好学。不久，一个瘦小的男孩来了，我先给他讲了图书分类法，然后让他把已归还图书馆却放错了位置的图书放回原处。小男孩问：‘像是当侦探吗？’我回答：‘那当然。’接着，男孩不遗余力地在书架的迷宫中穿来插去，休息时，他已找出了三本放错地方的图书。第二天他来得更早，而且更不遗余力。干完一天的活后，他正式请求我让他担任图书管理员。又过了两个星期，他突然邀请我去他家做客。吃晚餐时，孩子母亲告诉我他们要搬家了，到附近一个住宅区。孩子听说要转校却担心起来：‘我走了谁来整理那些站错队的书呢？’

“我一直记挂着这个孩子，结果没过多久，他又在我的图书馆门口出现了，并欣喜地告诉我，那边的图书馆不让学生干，妈妈把他转回我们这边来上学，由他爸爸用车接送。‘如果爸爸不带我，我就走路来。’其实，我当时心里便有数，这小家伙决心如此坚定，又能为人着想，天下无他不可为之事。不过，我可没想到他会成为信息时代的天才、微软电脑公司大亨、美国巨富——比尔·盖茨。”

这是卡菲瑞先生回忆起比尔·盖茨小时候的故事时写下的文字。从中我们可以看出，许多伟大或杰出人物身上，总会或早或迟地显现出优于常人的地方。比尔·盖茨在对待图书馆工作这样的小事上，就已经表现出一种超乎同龄人的责任心，难怪他能在信息时代叱咤风云。毋庸置疑，想成就一番事业，必须从小事做起，从细微之处入手。暂且不去谈论影响比尔·盖茨成功的其他因素，单就他从小就显示出来的做事态度，我们就能窥见他获得人生成就的端倪。

吉祥上师非常欣赏比尔·盖茨做人做事的态度，他曾经总结说：“一个人要想成功，就要从简单的事情做起，不愿意做小事的人，很难成就一番大事业。”总有人觉得自己可以做一番惊天动地的大事业，那些细琐小事不应该去理会，而且连替自己开脱的理由也显得理直气壮，“成大事者不拘小节”。但是，这些人似乎忘了一点，聚沙成塔、积水成渊，很多叱咤风云的人物，当年都是从简单小事开始做起的。

在第二次世界大战中，有一条船在苏格兰附近沉没，沉没的原因是鱼雷袭击还是触礁，一直没有结论。罗斯福认为触礁的可能性更大，为了支持这种立论，他滔滔不绝地背诵出了当地海岸涨潮的具体高度以及礁石在水下的确切深度和位置，这一行为令许多人暗中折服。罗斯福就是这样总是能够记得住每一件在我们看来是小事的事情。他曾经表演过这样的绝活：他叫客人在一张只有符号标志而没有说明文字的美国地图上随意画一条线，他能够按顺序说出这条线上有哪几个县。

在公众的眼中，这个关注小事的人，必定是一个能时刻将民众和国家的利益装在心里的人。人们可能不会去关心一个国家未来发展的宏伟规划，但他们会注意到一个国家代言人是否在细节和小事上下功夫。试想，总统连全国每个县的县名和地理位置、不为人知的建议乃至白宫草坪上的蟋蟀都注意到了，还有什么东西会落在总统的视野之外呢？

老子将治理国家比做烹调小鱼，只有调味、火候适中，不急躁，不盲动，煮出的东西才能色鲜味美。如果火候不对，调味不好，或者心里烦躁，下锅后急于翻动，那么最后煮出的东西肯定是一团糟，色、香、味都没有了。所以，人们总是说“魔鬼藏于细节”，细微之处方见真功夫。

不管现在你正在做的是怎样的小事，都尽力去做好，并牢记吉祥上师的劝告：小事不做，大事难成。

慧心智语

为求全必须委屈，为做事必须忍耐。

真正的圣人都不乏赤子之心

清洁工每天早上都要清理人们制造的垃圾，如果这些垃圾得不到及时清理，就会污染我们生存的环境。但有形的垃圾很容易清理，而是人们内心的烦恼、欲望、忧愁、痛苦等无形的垃圾却不那么容易清理掉。因为，这些垃圾常被人们忽视，或者由于种种原因让我们不愿意去清扫。譬如，太忙、太累的生活让人失去了清理自己内心垃圾的愿望，或者担心扫完之后，必须面对一个未知的明天，而很多人又不确定哪些是自己想要的，万一现在丢掉了，将来想要时又捡不回来，怎么办？

实际上，我们的生活，所有的努力无非是为了两个字：快乐。什么人是最快乐的呢？没有患得患失的惊恐，没有焦躁疑虑的烦扰，什么人呢？一定是孩子。世界上最快乐的就是不谙世事的孩子，因为不染尘世的名利纷争，所以也就可以以一颗单纯的童心一直快乐下去。所以，吉祥上师提醒人们说，“真正的圣人并不是消极避世的，而是积极入世，却又不失一颗赤子之心。用一句简单的话来说：他们成熟而又单纯。”这样的生活态度，是一种返璞归真的甘甜，是这个纷繁复杂的世界中，清除心灵垃圾的最好途径。

有一个关于建筑的故事：

一个皇帝想要整修城里的一座寺庙，于是他派人去找技艺高超的设计师，希望能够将寺庙整修得美丽而又庄严。不久，有两组人员被找来了，其中一组是京城里很有名的工匠与画师，另外一组是几个和尚。皇帝不知道到底哪一组人员的手艺比较好，就决定比较一下。他要求这两组人员各自去整修一座小寺庙，而这两个组恰好是面对面地进行整修。三天之后，皇帝来验收成果。

工匠们向皇帝要了一百多种颜色的漆料，又要了很多工具，而和尚们居然只要了一些抹布与水桶等简单的清洁用具。三天之后，皇帝来验收。他首先看了工匠们所装饰的寺庙，工匠们敲锣打鼓地庆祝工程的完成，他们用了非常多的颜料，以非常精巧的手艺把寺庙装饰得五颜六色。皇帝满意地点点头，接着他去看和尚们负责整修的寺庙，他看了一眼就愣住了。

和尚们所整修的寺庙没有涂上任何颜料，他们只是把所有的墙壁、桌椅、窗户等都擦拭得非常干净，寺庙中所有的物品都显出了它们原来的颜色，而它们光亮的表面就像镜子一般，反射出从外面而来的色彩。天边多变的云彩、随风摇曳的树影，甚至是对面五颜六色的寺庙，都变成了这个寺庙美丽色彩的一部分，而这座寺庙只是宁静地接受这一切。皇帝被这庄严的寺庙深深地感动了。

李白有诗云：清水出芙蓉，天然去雕饰。如果一个人去除了机心，还生活本来面目，不刻意追求什么，他就能像李白诗中那朵出水的芙蓉一样，美丽、洁白而无瑕。故事中的和尚们正是以这样的道理来工作、生活。他们将一切还原成本来的面目，以洁净之心映衬出了尘世的一切绚烂。就像那些我们所羡慕的拥有大智慧的人一样，他们总是会表现出自己天真烂漫的情怀来。

很多人看似很聪明，喜欢动心思去算计周围的人和事，却常常忘记了那句老话“聪明反被聪明误”。在使用技巧的过程中，人们难免出差错，毕竟谁都有考虑不周的时候，所以才会有“机关算尽太聪明，反误了卿卿性命”这样的话。而一个人若想拥有真正幸福、快乐的人生，就应该去除机心，而以平和的心态面对生活的点滴。

现代著名作家梁实秋曾说，年轻的时候，我们都有过怪黄莺成对儿，怨粉蝶儿成双的日子。但是，等到岁月渐渐流去，人的心就会慢慢变硬，像一颗被煮熟的鸡蛋。如果一个人在经历了沧海桑田的变迁后，仍然能够不失赤子之心，那么他便是真正的诗人，是真正诗意地栖居的人。

慧心智语

真正的圣人常常成熟而又单纯。

匍匐在地才不会摔倒

常常有人觉得很委屈，能力强、做事稳、功劳大，可大家却偏偏好像看不到一样，对此没有给出什么特别的关注。其实，一个人的能力、功劳，大家并不是看不到，只是都放在心里不说而已。如果一个人的能耐确实高于别人，而他自己又过分表现自己的话，就会让别人产生逆反心理，别人或许会因此说:“有什么大不了的。”相反，如果一个人保持低姿态，那么别人不仅会觉得他有能耐，还会觉得他为人谦逊。

主动趴下，匍匐前进是一种明智。然而主动趴下并不是因病倒下，匍匐前进并非趴着不动。你自己先倒下了，别人就无法再使你跌倒；匍匐前进看起来似乎速度太慢，太不痛快，缺乏英雄气概，但是能登上最高位者，往往就是与地面贴得最紧的那个。

从古至今，不少人爱把“吾不如”颠倒过来，变成了“不如吾”。

三国时期的祢衡，初见曹操就把曹营的文武将官贬得一文不值，说：“荀彧可使吊丧问疾，荀攸可使看坟守墓，程昱可使关门闭户，郭嘉可使白词念赋，张辽可使击鼓鸣金，许褚可使牧牛放马，乐进可使取状读诏，李典可使传书送檄，吕虔可使磨刀铸剑，满宠可使饮酒食糟，于禁可使负版筑墙，徐晃可使屠猪杀狗，夏侯惇称为‘完体将军’，曹子孝呼为‘要钱太守’，其余皆是衣架、饭囊、酒桶、肉袋耳！”

他把别人看成豆腐渣，并大言不惭地声称自己“天文地理，无一不通；三教九流，无所不晓。上可以致君为尧、舜，下可以配德于孔、颜，岂与俗子共论乎”！曹操自然没有收留这个目空四海的狂徒。他又去见刘表、黄祖，还是走一处骂一处，最后终于被黄祖砍了脑袋，为后人留下了笑柄。

世界上并没有十全十美的人，每个人都应该正确地认识自己，认识到自己的优势和劣势、长处和短处。只有自知的人，才懂得低调处世，才能获得一片广阔的天地，成就一份完美的事业。更重要的是，低调处世、低调做人，既是一种姿态，更是一种风度、一种境界、一种胸襟。

吉祥上师不止一次地告诫自己的弟子："匍匐在地的人才不会摔倒。"只有匍匐在地，才不会因为重心太高而使自己摔倒。

但是，大部分人是喜欢那种被抬高的感觉的，那是一种自我膨胀的结果。被人欣赏、被人膜拜，会给我们的虚荣心带来巨大的满足感。当我们抬起脚来，或者踩着高跷的时候，我们会怎么样呢？往往左右摇摆，而且很容易摔倒，因为我

们的重心不稳。所以，我们才说：“一个人越是贴近大地，就越能体会到天空的广阔。”所以，上师宽慰众弟子说：“一个人真正踏实下来之后，会有一种朴实的快乐。这种快乐沉稳、安详、内敛，是一种智慧填满心灵的快乐。这个时候，人们的状态不是骄傲、不是趾高气扬，而是平静、随和、谦卑。”

一个人如果愿意以匍匐在地的姿态面对世界，以跪拜虔诚之心尊敬他人，他便不会觉得自己不可一世。这个时候，他的心中弥漫的是祥和、安宁，他周围的人也不会再与他为敌，心生戒备。没有了明争暗斗，没有了钩心斗角，便不再会有兵戎相见的纷争。

慧心智语

匍匐在地至少有一个好处：我们不会因为重心太高，而令自己摔倒。

【第六章】

轻松化解职场难题

纵横江湖靠的是刀剑，越勇敢的人越容易获胜，最厉害的一招就是拼命；纵横职场靠的是智慧，越聪明的人越容易成功，最厉害的一招就是低调。我们要隐忍、踏实、感恩，以生命的力量来化解人生的不圆满，在千锤百炼中把自己锻造成职场达人。

高位不傲慢，低位不怨尤

齐宣王与孟子谈治理国家、天下归心的大事，也谈与邻国的交往之道。齐宣王问孟子："交邻国有道乎？"即与邻国交往有什么好的策略吗？孟子回答说："以大事小者，乐天者也；以小事大者，畏天者也。乐天者，保天下；畏天者，保其国。"南怀瑾先生解释说，这里孟子提出了两个原则，一是以大事小，这是仁者的风范，是顺应天地万物的乐天心理，不去欺负弱小，就可以使天下太平；一是以小事大，这是明智之举，顺从比自己强大的国家，就可以保护国家与臣民的安全。

在这段故事里，中国语言的博大精深和深入浅出都得到了充分的体现。中国人一般都很推崇"治大国如烹小鲜"的智慧，所以这种高端的国际政治，在古人眼里只是大与小的简单关系。而"以大事小"和"以小事大"的关系，也适用于现代社会的人际交往。

人与人相处应该注意这一点：居于上位的人，要把别人的标准当成自己的处世标准来体恤他人；处于下位的人，应该多体会上司的意图，尽量把事情办好。吉祥上师对此有一个非常精辟的说法，叫做“高处不傲慢，低处不怨尤”。意思是说，在上位的人，要谦虚宽和，切不可仗势欺人。要知道，人的一生不可能永远风光无限，繁华过后总会凋零。所以，在高位的时候，我们不能傲慢，而应该更加谦卑，以恭敬之心尊重每一个人。

古代曾有一位将军，在撤退的时候始终走在队伍的后面。回到营地后大家都称赞他勇敢，他却说：“非勇也，马不进也。”他没有承认自己的勇敢，只是把自己的断后行为归结为马走得太慢。遇到这样的领导，人们是觉得他怯懦还是会更加钦佩他呢？一般来说，当然是更加钦佩他了。这就是孟子所说的“以大事小”，也是吉祥上师所说的“高位不傲慢”。

在现代社

会，这一点尤为重要。如果你是一个上级，下属犯了错误，你可以指出来。但是，以什么态度来说，以什么方式来批评，是需要掌握火候和力度的。如果你是本着让下属成长、进步的心态来说，就一定会从下属的角度考虑他的能力、水平和付出，即使有不尽如人意的地方，你也能柔语相告。相反，如果你横加指责，毫不顾及他的情面，忽视他从前的努力，那么你说话的时候一定是带有鄙薄与傲慢。这样无形中就在你们之间树起了一道障碍，日积月累就会损伤彼此的感情。

从比较世俗的角度去想，既然众生皆可成佛，那么每个人都有可能身处高位或低位。有一天，当你不在高位时，或者你原来的下属站在了比你更高的位置上时，他对你的态度完全可以从今天你对他的态度中推断出来。所以，无论在怎样的角色与位置上，你都应该保持谦卑的态度，这样才能建立和谐的人际关系。

“低处不怨尤”的道理也是一样的。很多人虽然表面上服从上司的指挥，心里想的却是：“你只是运气好，要是我有这样的机会，坐在你的位置上，我不知道要比你强多少倍呢！”这样的想法一旦产生，无论怎么掩饰都会被人察觉。而且彼此之间的不信任一旦产生，心理上就会有隔阂，领导也不愿意再把重要的工作交给你，你也不愿意再看领导的脸色，久而久之，就会演变成“职场冷暴力”。在这种情况下，多半下属都会拎包走人，这是大多数人都不想得到的结果。所以，怨天尤人对于下属来说，是十分忌讳的事情。

面对强大的国家，孟子告诉齐王要顺天，吉祥上师告诉人们要顺人。从心里生出敬畏、尊重远比表面的服从更能令人感到宽慰。

人们常说：“有人的地方就有江湖，有江湖就会有争斗。”如果对上对下都能守住本分，能够以谦卑的态度来善待彼此，那么人际的和谐关系也就很容易获得了。

慧心智语

居于上位的人，要把别人的标准当成自己的处世标准来体恤他人；处于下位的人，应该多体会上司的意图，尽量把事情办好。

远大前程还需脚踏实地

当过老师的人可能都有这样的体会：在学校里学习最好的学生，走向社会之后，未必是工作最出色的人。这种奇怪的现象让很多人百思不得其解，但一位老教授为人们解开了这个疑惑。

老教授说，根据自己多年的从教经验，他发现许多在校时资质平平的学生，在毕业几年、十几年后，却带着成功的事业回来看老师；而那些原本看来会有美好前程的孩子，很多却一事无成。他常与同事们一起琢磨，终于明白：成功与在校成绩并没有必然的联系，却与踏实的性格密切相关。平凡的人比较务实、勤奋、自律，所以许多机会都落在他们身上，成功之门也必定会向他们大方地敞开。

脚踏实地是一个被人们不断强调的主题，人们总是说："千里之行，始于足下。"但是在平凡的岗位上，能够吃得了苦，耐得住寂寞的人却越来越少。许多人刚步入职场，就梦想明天当上总经理；年轻人刚创业，就期待自己能像比尔·盖茨一样成为世界巨富。要他们从基层做起，他们会觉得很丢面子，甚至认为是大材小用。所以，尽管他们有远大的理想，但缺乏脚踏实地的工作态度，自然也就很难获得成功。

所以，越来越多的职场人士开始清晰地认识到，脚踏实地是实现梦想、成就一番事业的关键因素，而自以为是、自高自大是脚踏实地的最大敌人。你若时时把自己看得高人一等，处处表现得比别人聪明，那么你就会不屑于做别人的工作，不屑于做小事、做基础的事。日子久了，你就会变得投机取巧，对于工作缺乏基础性的知识与经验，理想的实现和目标的达到，也将成为镜中花、水中月。

吉祥上师曾说："一个拥有目标的人是踏实而幸福的。"因为当一个人没有目标的时候，他的眼光是茫然的、没有落点的，也无法聚焦。在上师看来，这样的人应该听孔子的话"不如博弈"，不如去打打麻将、下下棋，总比无端空耗生命好。所以，踏实地忙碌总好过空洞地幻想。用现在流行的一句话来说："仰望星空，但也要脚踏实地。"在每一个浪漫的思想下，请先垫起一块坚固的石头。

每个职场中的人要想实现自己的梦想，就必须调整好自己的心态，打消投机取巧的念头，从一点一滴的小事做起，在最基础的工作中不断地提高自己的能力，为发展自己的事业积累雄厚的实力。无论多么平凡的小事，只要彻底做成功，便是大事。假如你踏踏实实地做好每一件事，你就绝不会碌碌无为地度过一生。

我们都是平凡的人，只要抱着一颗平常心，踏实肯干，有水滴石穿的耐力，我们获得成功的机会就并不比那些禀赋优异的人少。

李嘉诚说："不脚踏实地的人，是一定要当心的。假如一个年轻人不脚踏实地，我们使用他就会非常小心。你造一座大厦，如果地基打不好，上面再牢固，也是要倒塌的。""不积跬步，无以至千里；不积小流，无以成江海。"凡成就一份功业，都需要付出坚强的心力和耐性。如果你想坐收渔利，那只能是白日做梦。如果你想凭侥幸、靠运气夺取丰硕的果实，那么运气便永远不会光顾你。

如果一个人有了脚踏实地的精神，具有不断学习的主动性，并积极地为一技之长下功夫，那么他获得成功就会变得容易起来。一个肯不断扩充自己能力的人，总有一颗热忱的心，他们甘于平凡小事，肯干肯学，会多方求教他人。也许他们出人头地的时间较晚，但可以在各自的职位上走得很远。因为在那些韬光养晦、默默无闻的岁月里，他们增长了见识，提升了能力，学到了许多扎实的知识。

慧心智语

弱者等待条件，强者创造条件。

成熟从不抱怨开始

余秋雨先生曾经对“成熟”这个主题进行过精彩的论述：

“成熟是一种明亮而不刺眼的光辉，成熟是一种圆润而不腻耳的音响，成熟是一种不再需要对别人察言观色的从容……成熟是一种无须声张的厚实，成熟是一种并不陡峭的高度。”

这段话被众多网友转载，长期以来被公认为是对成熟的绝佳阐释。直到2010年的一期《读者》杂志卷首语上，出现了这样的一篇文章《成熟，从不抱怨开始》：

这篇文章写的是作者在饭局上遇到一个满口抱怨的人，从他喋喋不休的抱怨里，在座的人听的都是公司不好，拼死拼活也拿不到多少工资；上司不好，总是给拍马屁的人分油水丰厚的项目；同事也不好，钩心斗角、明争暗斗，弄得自己精神疲惫。在这个人暂停抱怨的间歇，在座的人小心翼翼地问他：“既然工作如此不称心，你为什么不跳槽呢？”他很奇怪地看着他们说：“跳槽？现在经济这么不景气，往哪里跳？”于是，周围的人恍然大悟，原来他的工作并非一无是处。也就是说，在现有的条件下，这已经是他最好的选择了。到了筵席散去的时候，那个人特意给大家留下电话号码。但是，作者感慨道，没有人会与他联系，因为一个怨气冲天的人实在不值得交往。

吉祥上师提醒大家说：“千万不要整天一肚子怨气，那样就等于给自己装了一袋子负面能量。带着一肚子委屈干工作、过日子，你的生活怎么能越过越好呢？”在上师看来，抱怨太多的人都是不懂得感恩的人，一个不懂得感恩的人其实是不成熟的。

如果我们对现有的工作不珍惜、不感恩，而且抱怨多多，就会产生很多不良的情绪。当你带着这个情绪去工作，哪个上司会把重要的工作交给你呢？而不重要的工作怎么可能获得你希望的发展呢？所以这个时候你就会接着抱怨工资少。那么跳槽呢？你又不肯，怕找不到工作，所以只能这么拖着。结果就在这种空耗里，让自己变得更郁闷、更纠结，抱怨更多，不良情绪也越来越多，从而形成恶性循环。为什么不换个思路考虑呢？既然离开这里可能连工作都找不到，那就应该珍惜现在拥有的一切。

为什么说成熟从不抱怨开始？原因只有两个字，就是“感恩”。世界上哪有十全十美的工作呢？不管做什么工作，总会有这样那样的缺憾。月亮还有阴晴圆缺，世界上的事哪能都如我们想的那么完美呢？难道要别人量身定做一个环境让你工作、生活吗？这是不可能的。就像吉祥上师说的那样：“如果你心态很好，如果你懂得感恩，明白自己的工作来之不易，你就会很快乐地工作。”而快乐和兴趣一样，是可以成就很多事情的。

比如你高高兴兴地接受一份工作，领导就会觉得你这个人真是任劳任怨；你出去与别人谈生意，人家看你欢欢喜喜的，也会觉得与你合作很开心。这样，你的社交圈也会越来越大，生意的成功率也会越来越高，你的财富和快乐就会像雪球一样越滚越大。试想，谁愿意整天对着一张怨气冲天的脸呢？本来高高兴兴的，看见你也变得不高兴了。

有着“第二个普罗米修斯”之称的富兰克林，说过这样一句话：“我读书多，骑马少，做别人的事多，做自己的事少。

最终的时刻终将来临，到那时我但愿听到这样的话，‘他活着对大家有益’，而不是‘他死时很富有’。”

活着对大家有益，就是工作赋予我们的意义。当我们能够感受到自己的工作对他人的价值时，我们就会从中发现无穷的乐趣；当我们能够明白在竞争激烈的社会中工作的意义时，我们就能学会感恩，并以欢喜的心态去面对生活；当我们的生活被激情与感动填满的时候，烦恼与抱怨自然就无处容身了。

慧心智语

如果你的心态很好，懂得感恩，并知道工作来之不易，你就会放下抱怨，快乐工作。

竭尽所能化解人生的不圆满

有一位学者把年轻人分为三种截然不同的类型，认为他们在面对世界和自我时，呈现出的是完全不一样的状态。如果把生活的苦难或事业的磨炼比喻成沸腾的水，那么投入这三种人来进行锻炼，就会出现三种不同的结局。

第一种人，像一个生鸡蛋，放在水中后，一会儿就被煮熟了。但是煮熟了的鸡蛋会怎么样呢？去了壳之后，里面是硬邦邦的，变成了一个实心的、没有弹性的、缺少活力的熟鸡蛋。这种人在生活中就是那种常常抱怨且很暴躁的人，他们很固执、不柔软，和环境总是格格不入。

第二种人和第一种正好相反，他们像一根胡萝卜，放在滚水里煮熟了之后，和环境很快就融合在一起了，但是他们不能碰，因为他们已经被煮得软绵绵的了，你一碰说不定就断了。这种人在生活中就是不断被同化的人，他们看上去和环境融合得非常好，实际上已经被环境改造得失去了自我。

最后一种人，就像干茶叶。抓一把干茶叶放到滚水中会怎么样呢？茶叶在水中会渐渐舒展，变得非常滋润，最奇妙的是，经过滚水相煎，竟然可以飘出缕缕茶香。这种人就是和生活互相改变、互相成全的人。他们用自己的力量改变了周围环境，也完成了自己生命的旅程。

这实在是一个美妙的比喻，生鸡蛋虽变得强硬却无法与世界交融，胡萝卜虽与环境相融却失去自我，唯有干茶叶能够在释放自己的同时，与沸水融为一体，并改变水的味道。可见，唯有你成全世界，世界才会成全你。

现在，很多年轻人的心态总有些浮躁，做事急于求成，不愿意踏踏实实地努力，总想走捷径、抄近路。一遇到挫折、坎坷，他们不是反省自己的努力够不够、能力够不够，而是先抱怨生不逢时，没有一个公平合理的环境让自己去打拼。他们就像一个煮熟的鸡蛋，坚硬固执，不愿意为环境做丝毫的改变。又或者有一些人已经在职场打拼多年，早已没了刚入社会时的棱角，他们处世圆滑，做事情敷衍塞责，总存着蒙混过关、得过且过的侥幸心理，他们不但缺乏工作热情，也在日渐飞逝的时光中消磨着自己的理想。这种人像被煮软的胡萝卜，外强中干，并早已迷失了自我，丧失了应对世界的能力。

年轻人在职场中要想有所成就，首先就要沉下心来，要甘于并乐于做能够芬芳四溢的干茶叶。用吉祥上师的话来说就是：“面对人生的不如意，一个人所要做的就是尽量改变自己能够改变的部分。”简而言之，人生的很多不圆满只能由自己去化解。就像那句俗语所说：“自己的梦总还是得自己圆。”我们只能在拯救自己的同时，用努力和诚意去打动上天，所谓“自助者天助”，说的也是这个意思。

有一个关于美孚石油公司的故事，故事发生在1947年。

美孚石油公司董事长贝里奇到开普敦巡视工作。在卫生间里，他看到一位黑人小伙子正跪在地上擦洗污黑的水渍，并且每擦一下，就虔诚地叩一下头。贝里奇感到很奇怪，问他为什么要这样做，黑人小伙子答道：“我在感谢一位圣人。”

贝里奇好奇地问他：“为什么要感谢那位圣人？”小伙子说：“是他帮助我找到了这份工作，让我终于有了饭吃。”贝里奇笑了，说：“我也曾经遇到过一位圣人，他使我成了美孚石油公司的董事长，你想见见他吗？”小伙子说：“我是个孤儿，从小靠教会养大，我一直都想报答养育过我的人。这位圣人如果能让我吃饱之后，还有余钱，我很愿意去拜访他。”

贝里奇说：“你一定知道，南非有一座有名的山，叫大温特胡克山。据我所知，那上面住着一位圣人，他能给人指点迷津，凡是遇到他的人都会有很好的发展前途。20年前，我到南非时登上过那座山，正巧遇上他，并得到了他的指点。如果你愿意去拜访他，我可以向你的经理说情，准你一个月的假。”这位小伙子是个虔诚的教徒，很相信神的帮助，他在谢过贝里奇后就上路了。

在30天的时间里，他一路披荆斩棘，风餐露宿，终于登上了白雪皑皑的大温特胡克山。然而，他在山顶徘徊了一整天，除了自己，没有遇到任何人，他不得不失望地回来了。当他见到贝里奇后，说的第一句话就是："董事长先生，一路上我处处留意，但直到山顶，我发现，除我之外，根本没发现什么圣人。"贝里奇说："你说得很对，这个世界上能够挽救你的圣人，就是你自己。"

20年后，这位黑人小伙子成为美孚石油公司开普敦分公司的总经理，他的名字叫贾姆讷。

我们是做一个披荆斩棘、风餐露宿解救自己的勇者，还是做一个故步自封、妥协于环境的人呢？对于年轻人来说，该如何选择，应该是不言而喻的吧。

慧心智语

面对人生的不如意，我们所要做的就是尽量改变自己能够改变的部分。

【第七章】

财富等身，但别压身

有的人富可敌国却愁眉紧锁，有的人浪迹天涯却快快乐乐。“功名利禄四道墙，人人翻滚跑得忙；若是你能看得穿，一生快活不嫌长。”很多事情到了最高境界，并不是浓烈的、炙热的，而是清凉的、熨帖的、舒适的。对待财富也是一样的道理，取之有道，用之有道，我们才不会在金山银山里迷失自我。

我们在灯光里数钱，灯光数着我们的流年

一位母亲让孩子拿着一个大碗去买酱油。孩子来到商店，付给卖酱油的人两角钱，酱油装满了碗，可是提子里还剩了一些。卖酱油的人问这个孩子：“孩子，剩下的这一点酱油往哪儿倒？”“请您往碗底倒吧！”说着，他把装满酱油的碗倒过来，用碗底装回剩下的酱油。碗里的酱油全洒在了地上，可他全然不知，捧着碗底的那一点酱油回家了。

孩子的本意是希望母亲赞扬他的聪明，夸奖他善用碗的全部。而妈妈却说：“孩子，你真傻。”实际上，很多人都在扮演那个孩子的角色，自作聪明地企图把碗的全部空间都用上，期望可以把酱油全部拿回家，最后却因小失大。有时候，我们泼洒的并不是酱油这类可见的东西，如果一味贪多，恐怕我们会错失许多原本弥足珍贵的东西。

上面那个孩子的故事其实并没有结束：

孩子端着一碗底的酱油回到家里，母亲问道：“孩子，两角钱就买这么点酱油吗？”他很得意地说：“碗里装不下，我把剩下的装碗底了，这面还有呢！”说着，孩子把碗翻过来，于是碗底的那一点酱油也洒光了。

很多人听完这个故事都会莞尔一笑，觉得这个孩子实在太傻了，不懂得舍弃碗底的那一点酱油，追来逐去，结果什么都没有得到。实际上，有很多成年人因为对财富的孜孜渴求，从而丧失了自己生命中许多更为宝贵的东西。

诗人吴再有一首诗，叫《数数》，全诗只有两行：

我们在灯光下数着钱
灯光在数着我们的皱纹与白发

初读的时候，我们会觉得这首诗非常有意思，好像是我们和灯光做着一场游戏。可是，再读时，我们就会觉出一些悲凉。这不是灯光与我们的对垒，而是时光与我们的博弈。当我们只顾埋头赶路的时候，当我们像小孩子一样，只想把更多的酱油、更多的声望、更多的财富放进我们碗里的时候，我们也在不经意间翻转了自己手里的碗。

我们在疲于奔忙间放弃了健康、舍弃了情趣，甚至懒于和家人说话，懒于和朋友聚餐，我们的世界都被那一小撮“酱油”所吸引。同时，我们还振振有词地辩论：“自己正是为了生活的改善才发生了改变。”可是，当我们在灯光下数钱的时候，灯光却数着我们的白发与皱纹。时间看着我们渐渐老去，灯光见证了我们被物质世界所奴役的过程。

吉祥上师在讲述这首诗的时候，不无感慨地说：“人生最重要的是生命的质量，我们应该在灯光下反思时光的无常，善待宝贵的生命。”上师所说的生命的质量，或许和很多人眼中生活的质量并不等同。生命的质量是一种厚度，它不在于生命的长短，不在于拥有多少的物质财富，而在于我们以怎样的心态来看待生活，在于我们如何用有限的生命创造出更多有价值、有意义、有利于社会和他人的事业。

普通人所追求的生活质量，无非是住更大的房子、换更好的车子、有更多的票子。因此，人们一方面拼命赚钱，一方面放肆享受。对于未来的透支，我们便有了一个新名词：奴。从房奴、卡奴到电脑奴、手机奴，所有的分期付款、金钱预支的背后，都有了一种精神的虚空与透支。21世纪的今天，我们早已走出奴隶社会，可我们的精神却正经受着新的一场奴役。人们在追求物质生活改变的同时，反而沦为物质的工具，这实在是一种莫大的讽刺。

人生在世，空空地来，空空地去，那些我们活着的时候舍不得易手的东西，等我们死去的时候也是带不走的。如果我们无限地追求物质，就不会感到满足，久而久之，还会产生一种无助的虚空感。毕竟钱是永远也赚不完的，而我们的人生却是有限的。

试着换一种心态生活，在灯光下，辅导孩子的功课，在帮助孩子获得知识的同时，也重温自己学生时代的快乐；在灯光下，打来一盆热水，为父母洗脚，为他们洗去半生的劳累；又或者，在灯光下，与朋友共品一杯香茗，读一段诗词，让那些感动人心的文字缓缓流入心田。借着一灯如豆的喜悦，好好回味我们的生活，五味杂陈的生活总比一碗酱油更值得我们关怀。

慧心智语

我们应该在灯光下
反思时光的无常，
善待宝贵的生命。

兜里钞票越多，说话声音越小

当全社会都在抱怨80后创业艰难的时候，吉祥上师却说了这样一句令人震惊的话："年轻人缺的不是财富，而是获得财富的境界。"在他看来，年轻人初入社会，如果想凭借自身能力快速成名或一夜暴富几乎是不可能的。这一切，并不是因为创业环境如何恶劣，或竞争机制本身的问题，而是因为年轻人需要锤炼、敲打和提升。为了说明这一观点，上师列举了很多人们熟悉的例子：

比如说关公。我们很多人都知道中国京剧武行里，最大的动作是翻跟头。但是我们看关羽，横马立刀，令天下敌人闻风丧胆，是为大将军。可我们从来没见他在台上翻跟头。很多地方的小寺庙里都供奉着关公，我们看到的关公像是怎样的呢？是横眉立目，拿刀乱砍乱杀的吗？不是，他多半的姿态都是手捧《春秋》。

再比如杜月笙，当年他也是纵横四海的黑帮老大。刚创业的时候，他周边的人和他自己差不多，基本都是流氓出身，所以只能是短衣衫小打扮。在那种场合之下，哥儿们义气，浪迹天涯，和衣服也是很匹配的。可是，当真正闯出自己的一条路来，从闯匪到名流，跻身于社会另一个阶层的时候，他就只能拜章太炎这样的人为师。这个时候，他自然要脱下短褂改穿长衫。因为高层次总是儒雅的，举手投足都要符合身份和气质。

我们看那些武侠片，拿刀剑的一定打不过拿拂尘的，拿拂尘的比不上手里没武器的。因为境界越高，手中的兵器就越会内化为一种力量，比的就不是拳脚，而是智慧了。所以，对于年轻人来说，缺乏的不是惊涛拍岸的训练，而是深谋远虑的沉着。当一个人有一定修为的时候，你会发现，他手里的财富、身后的名望，都已经与当初不可同日而语了。

上师的弟子曾经讲过自己身边的一个故事：

他原来有一个同事，还是“草根一族”的时候，他在走廊里说话时，总是提高嗓门。长长的一条走廊，他在这边说话，那边也听得到。后来，这个人辞职下海了，再见到他的时候，他跟人说话都是“咬耳朵”。咬耳朵就是说的悄悄话，这倒不是说他有什么见不得人，而是说他从里到外都发生了很大的变化。

当一个人心平气和地说话的时候，他是怕打扰到别人。当一个人心烦意乱的时候，他说出来的话总是很刺耳，无论声音还是语气，自己都觉得不舒服，别人听了也觉得不耐烦。

很多暴发户为什么不值得羡慕和推崇呢？就是因为修为不够，境界不够。如果一个原来张牙舞爪的人忽然静心诚意，我们就该想到他可能是经历了很多事情，内在的气质才发生了变化。等这位弟子跟其他同事打听后，才知道此人果然已经变成了千万富翁。所以，这位弟子不无感慨地说，上师说得没错，“说话声音越小，人生财富越多啊”！

经常有人觉得某个人面相很好，非常和善、慈祥，基本就可以推断这个人的家境一定比较殷实，因为他举手投足间都带着一种富贵之气。所谓的“富”其实是容易的，就是兜里的钱多。但是，所谓的“贵”却是不容易的，这里既有接人待物的儒雅，也有颔首低眉的谦虚，非三言两语可以解释清楚。所以，西方很看重上流社会还是下流社会。这个“流”指的不仅是你有多少钱，还有你的修养。当你的修养到了一定的程度，境界的高低内化为一种气质体现出来的时候，财富的获得也就变得容易多了。

修养是一种无形的资产。“年轻人在学习做事之前，要先学会做人。因为现实中，很多人的失败并不是能力的不足，而是做人的失败、道德的败坏。学会了做人，别人才会相信你做事的能力。当你气定神闲、举重若轻，做到胸有惊涛而面如平湖的时候，你便有了担当，有了隐忍，有了做人做事的韧性。达到这个境界后，再大的重担放在你的身上，别人也会觉得放心了。”这正是吉祥上师送给所有年轻人的成功箴言。

慧心智语

所谓的“富”其实是容易的，就是兜里的钱多。但是，所谓的“贵”却是不容易的，这里既有接人待物的儒雅，也有颔首低眉的谦虚，非三言两语可以解释清楚。

不要做一只抓苹果的猴子

在一次关于“超然心赢利”的讲座上，吉祥上师带领弟子们做了这样一个游戏：

首先，上师请一位师兄拿上来一个椰子壳，上面有一个洞，开口不是很大，里面有一个苹果。这时，上师问，谁愿意上来把苹果从椰子壳里拿出来？很多人举手愿意来做这个实验。随后，有一位弟子被挑中，走到椰子壳前，伸手进去拿苹果。

令人不可思议的事情出现了，这名弟子的手虽然可以伸进椰子壳里面去，但是当他握住里面的苹果想要拿出来时，却发现拿着苹果的手比伸进椰子壳里的手大了许多，他没办法让握着苹果的手从椰子壳里面退出来。这该怎么办呢？这名弟子苦苦挣扎，在开口处不断晃动手腕，眼看着手腕上已经被挤出了红红的一圈，可就是没办法把手拿出来。不一会儿，这名弟子已经急得满头大汗了，他无助地向上师求助，在场的人也都屏气凝神，等待上师开示。

这时，只听上师缓缓地说道：“放下。”那名抓苹果的弟子先是一愣，随后似有所悟地松开了牢牢抓着苹果的手。苹果掉落后，手自然就轻松了，他的手很容易就从椰子壳里拿了出来。

弟子们有些似懂非懂地望着上师，希望上师能够为大家讲讲这里面的道理。上师笑着说，这是很早以前泰国的一个故事：

泰国人常常用这个方法来抓猴子，他们只需要在装着苹果的椰子壳背后穿一个孔，里面系一个死结，用绳子把它拴在树上就行了。这样，猴子拿不到苹果，又不肯松手，就等于被椰壳套牢了，人们很容易就把它们抓住了。从此以后，猴子将被铁链锁着，走街串巷、杂耍卖艺，在人们面前不断地翻着跟头乞食，永远地丧失了自由。

很多人在听到这个故事的时候，不由得惊出一身冷汗。是的，当我们明白，有时候自己手里握着的并不是自己喜欢吃的苹果，而是一条通往奴役之路的锁链时，我们必然会感到不寒而栗。当弟子听完这个故事，请求上师指点时，吉祥上师留给弟子的只有两个字——放下。不管是苹果或是其他什么，只要我们的手中没有东西了，我们的心里也就没有执着了，便不会被外物所累，失去自己的快乐与自由。

传说，在很久以前，有一个富翁，他背着许多金银财宝到远处去寻找快乐。他走过了千山万水，却始终找不到，于是沮丧地坐在山道旁。这个时候，一位农夫背着一大捆柴草从山上走下来，他虽然满身大汗，但神色却怡然自得。富翁觉得很奇怪，连忙拦住他问到：“你只是一个普通的农夫，而我却是个令人羡慕的富翁。可为什么你是如此快乐，我却没有半点快乐呢？”农夫放下沉甸甸的柴草，舒心地揩着汗水：“快乐很简单，放下就是快乐！”

富翁顿时开悟：自己背负着那么重的珠宝，怕别人抢，怕别人偷，怕别人暗算，整天忧心忡忡，快乐又从何而来呢？于是，富翁在心里把“财富”的重担渐渐放下了，他将珠宝、钱财用来接济穷人。慈悲与良善滋润了他的心灵，当他看到自己可以帮助很多人的时候，当他看到别人因他的努力付出而获得幸福的时候，他也尝到了快乐的味道。

放下就是快乐，这是多么简单的道理，但在人们对外物的依赖不断增强的时候，放下是何等艰难。“身外物，不奢恋”是思悟之后的清醒，也是超越世俗的大智大勇，更是放眼未来的豁达襟怀。想得开、放得下的人，才有可能活得轻松，过得自在。

我们在做事的时候不要祈求暴富，不要总是希望一夜成名。在收获人生富贵的时候，我们要广种福田，让更多的人受益，这样才会有真正平和的社会环境、稳定的生活秩序。

吉祥上师对此还举了一个欧洲中奖的例子：

不久前，有一个欧洲人中了4亿欧元的彩票，随后烦恼接踵而来：那些原来不常联系的亲戚朋友都开始登门拜访，小镇的镇长也找他去做慈善，连黑社会也要向他征收保护费。后来，各方面的压力和烦恼不断地袭来，弄得他焦躁不安，心神不宁。

这是很正常的情况，据说有人中了奖以后，并没有料到会有这么多烦恼，为了逃避现实竟然选择跳楼自杀。

其实，解决的方法很简单，那就是支出一些钱财，以获得内心的安宁，以及生活在尘世的安宁。就像那只抓了苹果的猴子，舍弃的是一个苹果，可得到的是一生的自由与快乐。相比之下，哪个更重要呢？

慧心智语

那只抓苹果的猴子，如果愿意舍弃一个苹果，它得到的将是一生的快乐与自由。

让心赢利，用心赢利

作家余华曾经在小说中说，中国用40年的时间，走完了西方400年的现代化历程。这句话足以说明几十年间中国社会的飞速发展。可是，经济也许可以实现跨越式发展，而文化与道德的飞跃有时却未必是一件好事。

在商业大潮滚滚而来之际，各种外来文化也一并涌入，很多人在各种文化的夹击下，思想与感情都发生了很大的裂变。有的人唯利是图，将财富的赢利看得比什么都重要。在这种观念的指导下，一个诚实守信、守礼守法的人被许多人看作傻子、呆子，不懂变通的笨蛋，博弈论、诡计论也因此甚嚣尘上，获得颇多青睐。当人们的内心渐渐被这些计谋所挟持的时候，生命的绿地却变得荒芜。

于是，大都市中，写字间里，随处可见一些衣着光鲜、忙忙碌碌的白领精英。透过雪亮的玻璃窗，我们可以看到他们职业性的、礼貌性的微笑，却看不到他们开怀爽朗的笑容。因为彼此间伪装得太久了，所以在生活里也很难卸下面具，找回自我。在吉祥上师看来，这样的人都是不会用心赢利的人。

“让心赢利与用心赢利”这两个词应该是吉祥上师专为现代社会量身定制的。

“赢利”这个字眼在我们看来并不陌生，可是，我们只知道柜台可以赢利、财务可以赢利，却从来没有听说过，心灵也可以赢利。那么，什么才是上师所说的用心赢利呢？

简言之，就是在获得财富的同时，获得内心的宁静与喜悦。

有很多人，他们财富等身却不快乐。如果是一个内向的人，长久地压抑自己的真性情，很可能会形成抑郁症；如果是一个外向的人，积郁太多的苦闷在心中，就可能养成焦躁、狂暴的性格。

这两种情况，无疑都是既不利于身体健康，也不利于心理健康的。正是针对这些情况，吉祥上师提出了自己对现世安稳的建议——让心赢利，用心赢利。

几年前，有一部很出名的电视剧，叫《商道》。这部电视剧里处处渗透着中国文化的精髓，比如仁义、道德、谦恭、礼让……几乎就是中国传统文化的一次商业解读。很多企业家都非常喜欢这部电视剧，认为它参悟了商业的最高境界。原来，很多企业家认为信息时代就是一个竞争时代，什么事情都应该去抢、去掠夺、去占有。但是，在我们的传统文化中，即便是利，也是儒雅的、含蓄的、内敛的。

孟子去见梁惠王，梁惠王问他："你大老远的过来给我带来什么好处啊？"孟子就说："大王何必言利呢？如果言利，天下最大的利莫过王土。"我们都知道，封建社会最大的利益就是占有一个国家，如果大家都想争夺这个最大的利益，君王还能做得安稳吗？所以，孟子提出了仁义。

“仁”者二人。什么叫二人？不是两个人，而是自己与他人的关系，也就是孔子所谓的“己所不欲，勿施于人”。在商业社会中，很多真正有道德的人都会秉持一种原则，比如违法的事情不做，违反良心的事情不做，违背公德的事情不做。这是善与恶的一个分界点。而“义”讲的是有所为有所不为的问题。孔子说：“不义富与贵，于我如浮云。”这句话的意思是：“如果这个事违背做人的道德与原则，是不义的事，对我来说就如浮云一般。”正因为这种文化的支撑，所以古人讲“安贫乐道”，穷的时候不困苦，富的时候也不会骄奢，这是原则，也是翘起生命重量的强大支点。

吉祥上师告诉人们，“让心赢利”。我们获得财富时应该是快乐的，可如果我们为此而放弃自我的原则，背离生活的理想，那么这种牺牲就是不值得的、不对等的，并且有辱生命的尊贵。

如果我们能够常怀一颗利他之心来处世，怀一颗淡定之心来看待世间财富，怀一颗超然之心来面对得失成败，那么，无论我们经历怎样的风雨洗礼，怎样的阴晴圆缺，财富都不会成为我们心灵的重担。

那时，我们就能明白，心灵的轻松与快乐才是人间最大的财富。

慧心智语

心的赢利，才是我们在人间最宝贵的财富。

【第八章】

惜缘随缘不攀缘

缘来缘去缘如水，这是所有人都明白的道理。然而，并不是所有明白这一道理的人都能做得到。缘分来了，有时候会胆怯；缘分走了，有时候会纠缠。其实，不懂珍惜、错失机缘和死缠烂打是一样的愚蠢，都无法恰如其分地把握好缘分的来去。倒是吉祥上师的话，给人以启迪——惜缘不攀缘，所以随缘。

惜缘不攀缘，所以随缘

三伏天，某禅院的草地枯黄了一大片，“快撒些草子吧，”徒弟说，“别等天凉了。”师父挥挥手说：“随时。”中秋，师父买了一大包草子，叫徒弟去播种，秋风疾起，草子飘舞。“草子被吹散了。”小和尚喊。“随性，”师父说道，“吹去者多半中空，落下来也不会发芽。”撒完草子，几只小鸟即来啄食，小和尚又急了。师父翻着经书说：“随遇。”半夜下了一场大雨，弟子冲进禅房：“这下完了，草子被冲走了。”师父正在打坐，眼皮都没抬，说了一句：“随缘。”半个多月过去了，光秃秃的禅院长出青苗，一些未播种的院角也泛出绿意，徒弟高兴得直拍手。师父站在禅房前，点点头说：“随喜。”

在这个故事中，从预备撒草种到长出绿苗，徒弟的情绪都受到外在环境的影响，总是大起大落、患得患失。而师父却始终持一颗平常心，淡然地面对，在徒弟的狂喜与颓废间，以自己静默的态度，引起了人们的思考。

有人说生命是种种缘分的合成，在必然与偶然的相互作用里碰撞出不同的机缘，也创造出不同的命运。人们常常说“天意弄人”，有时候我们越是挖空心思去追逐一样东西，越是不能如愿。而真正有智慧的人，却明白知足常乐、随遇而安的道理，就如故事中的禅师，懂得顺其自然，不属于自己的东西不去强求。

吉祥上师对此曾经有过非常精彩的论述，他认为，人生在世，应该“缘来则惜，缘变则随，缘去莫攀”。也就是说，缘分来的时候，我们不要听之任之，不理不顾，应该好好珍惜，好好把握，好好创造更多更好的善缘。缘分一旦发生了改变，我们就应该尽力化解自己的不满，慢慢理解，逐渐顺应，不要执拗地抓住不放，否则，自己痛苦，别人也痛苦。

比如，两个人谈恋爱，如果一方已经变心，不想在一起相处了，而另一方死死抓住不放，其结果常常是两个人都很痛苦，不但得不到幸福，连周围的人也会被他们所牵连，愁苦不绝。所以，一旦缘分没有了，不如坦然地面对，淡然地接受，不要去攀、去争、去夺。攀缘不但自己很累，别人看着也痛苦。

有时候，缘分就如生活中常见的情景一样，明明我们手里拿着东西，却仍四处找寻。一低头，却看见原来实实在在、清清楚楚的缘分就在我们手里，在我们坚实的脚下，这就是所谓的“踏破铁鞋无觅处，得来全不费工夫”吧！

据说，在迪士尼乐园刚建成时，迪士尼先生为园中道路的布局大伤脑筋，所有征集来的设计方案都不尽如人意。迪士尼先生无计可施，一气之下，命人把空地都植上草坪后就开始营业了。几个星期过后，迪士尼先生出国考察回来时，看到园中几条蜿蜒曲折的小径和所有游乐景点有机地结合在一起时，不觉大喜过望。他忙叫来负责此项工作的人，询问这个设计方案是出自哪位建筑大师的手笔。负责人听后哈哈笑道："哪来的大师呀，这些小径都是被游人踩出来的！"

生命中的许多东西正如那些被无意中踩出来的小路一样，是无法强求的。那些刻意强求的东西，往往我们终生都得不到，而我们不曾期待的灿烂则会在淡泊从容中不期而至。因此，不管在生活中遇到顺境还是逆境，我们都应当保持随时、随性、随遇、随缘、随喜的心态，顺其自然，以一颗从容淡定的心来面对人生，说不定我们会获得意想不到的收获。

慧心智语

缘来则惜，缘变则随，缘去莫攀。

没有过不去的事，只有过不去的心

还记得《基督山伯爵》里给人留下的启示吗？人生最重要的只有两件事：等待与希望。生活中，我们常常会发现，那些始终怀有追求和梦想的人，到最后多半都实现了自己的梦想；那些对生活从来不抱任何希望的人，到最后常常是固守一方，只知抱怨，永远也无法改变自己的生活。有时候，决定人们成败的不是智商的差别，而是心灵的思考与行动的差距。

从前，在一片茫茫的沙漠中有一个小村子，村中的人们守着一片绿洲过了几千年。偶尔，当沙漠中风沙四起，或者绿洲干涸时，村里的人便会遭受巨大的折磨。一代又一代的人总是抱怨着上天的不公平，却从未尝试从这里走出去。他们一直留在原地，并且固执地相信这片沙漠是走不出去的。

有一天，村子里来了一位云游四方的老禅师，人们围住他劝他不要再继续往前走，他们说："这片沙漠是走不出去的，我们祖祖辈辈都在这里，你就不要再去冒险了！"老禅师问："你们在这里生活得幸福吗？"村民们说："虽然环境有些险恶，但是也没有什么不可忍受的。没有幸福，也没有不幸福。"老禅师又问："那么你们有没有尝试走出这片沙漠呢？你们看，我不是走进来了吗？那就一定能走出去！"村民们反问："为什么要走出去呢？"老禅师摇摇头，拄着拐杖又上路了。他白天休息，晚上看着北斗星赶路。三天三夜之后，他走出了村民们几千年也没有走出的沙漠。

村民们接受了命运的安排，默默地承受着恶劣环境的折磨，甚至没有动过改变这种现实的念头，几千年来日复一日地过着相同的日子。"哀其不幸，怒其不争"，老禅师之所以摇头也正是为此。正如吉祥禅师劝解世人所说的那样："世界上，根本没有过不去的事，只有过不去的心。"换句话说，世界上很多事情并不是我们无法达成，而是在没有开始的时候，我们就先行放弃了。有时候，过不去的心表现为不去努力争取本来可以做到的事，而是随波逐流，空耗余生，就像上面的村民们一样；有时候，过不去的心表现为不愿意放弃我们曾经拥有的东西，比如财富、爱情，从经济学的角度讲，也就是不愿意放下沉没成本。

有一个关于前世今生的故事：

在很久以前，有个书生和未婚妻约好，在某年某月某日结婚。可是到了那一天，未婚妻竟嫁给了别人。书生受此打击，一病不起。家人用尽各种办法都无能为力，只能无奈地看着他奄奄一息，行将远去。

这时，一个云游僧人路过此地。在得知情况后，僧人决定点化一下书生。

于是他来到书生的床前，从怀里摸出一面镜子让他看。书生看到茫茫大海，一名遇害的女子一丝不挂地躺在海滩上。路过一人，看一眼，摇摇头，离开了；又路过一人，看了看，将自己的衣服脱下来给女尸盖上，但是站了一会儿也离开了；又一位路人走来，挖下一个坑，小心翼翼地将尸体掩埋了。书生正在疑惑间，忽然看到画面切换：洞房花烛夜，自己的未婚妻被她的丈夫掀起盖头。书生不明所以，迷惑地望向僧人。

僧人解释说："海滩上的那具女尸，就是你未婚妻的前世，你是第二个路过的人，曾给过她一件衣服。她今生和你相恋，只为还你一个情。但她要报答一生一世的人，是最后那个把她掩埋的人，那个人就是她现在的丈夫。"书生大悟，刷地从床上坐起，病竟然痊愈了！

我们常说，"命里有时终须有，命里无时莫强求"，但事到临头，我们不是倒向"莫强求"的消极念头，就是倒向"不松手"的执着顽固。可尘世间的一切，都是无数因缘聚合而成，我们既要有追求的勇气，也要有懂得放手的睿智。只有这样，我们才能有一颗"得之我幸，失之我命"的平常心，也才能生出不被世俗牵绊的心，快快乐乐地过好幸福的生活。

慧心智语

没有过不去的事，只有过不去的心。

时间会给出一切答案

如果你去问一个懵懂无知的少年，世界上最可怕的是什么，他一定会说是逼他学习的老师，催他奋进的父母。可是，如果你去问一个风烛残年的老人，世界上最可怕的是什么，他多半会说是时间。

时间是这个世界上最公平、最无私、最绝情也最深情的东西。它的绝情在于，世间一切恩怨爱恨，几乎都可以随着它的流逝而被抚平。而它的深情也在于此，它让人们淡忘痴缠，让一切风轻云淡，如云烟过眼，而只留下淡淡的爱与哀愁常存心间。因此，人们对普希金的诗总是念念不忘，“而那过去了的，也终将成为亲切的怀恋”。

很久以前，一个小岛上住着快乐、悲哀、知识和爱以及其他各种情感。一天，情感们得知小岛快要下沉了，于是，大家都准备船只，离开小岛。只有爱留了下来，她想坚持到最后一刻。过了几天，小岛真的要下沉了，爱想请人帮忙。这时，富裕摇着一艘大船经过。爱说：“富裕，你能带我走吗？”富裕答道：“不，我的船上有许多金银财宝，没有你的位置。”爱看见虚荣在一艘华丽的小船上，说：“虚荣，帮帮我吧！”“我帮不了你，你全身都湿透了，会弄脏我这漂亮的小船。”悲哀过来了，爱向它求助：“悲哀，让我跟你走吧！”“哦……爱，我实在太悲哀了，想自己一个人待一会儿！”悲哀答道。快乐走过爱的身边，但是它太快乐了，竟然没有听见爱在叫它！

突然，一个声音传来：“过来！爱，我带你走。”这是一位长者。爱大喜过望，竟忘了问他的名字。登上陆地以后，长者独自走开了。爱对长者感恩不尽，问另一位叫做知识的长者：“帮我的那个人是谁？”知识老人答道：“他是时间。”“时间？”爱问道，“为什么时间要帮我？”知识老人笑道：“因为只有时间才能理解爱有多么伟大。”

人生就像天气一样，原本就是变幻莫测的，有晴有雨，有风有雾，无论谁的人生都不可能一帆风顺。况且，真正一帆风顺的人生，就像是没有颜色的画面，苍白枯燥。所以，年轻时，生命给予我们的是痛苦、欢乐、尝试、挫折、失败……种种复杂、绚烂的感情繁花盛开般扑面袭来。然而，等我们老了的时候，回过头看自己的人生，开心的、伤心的，也都成了过眼云烟。一路走来，我们难免会有许多辛酸的泪水，欢乐的笑声。而当一切成为过去后，除了亲切的记忆与怀念，谁还记得曾经的痛苦与欢乐呢？如此说来，当我们爱一个人或恨一个人的时候，都不必急着去寻找答案。能够记得的，自然是回忆；记不住的，且让她随风飘逝吧。用吉祥上师的话来说："把一切交给时间，时间会给出全部的答案。"

既然一切都会过去，我们又何必执着于眼前的不幸呢？

相传，有一天，佛印禅师与苏东坡坐在船上把酒话禅，他们突然看到有人落水了！佛印马上跳入水中，把人救上岸来。被救的原来是一位少妇，佛印问她："你年纪轻轻，为什么要寻短见呢？""我刚结婚三年，丈夫就抛弃了我，孩子也死了，你说我活着还有什么意思？"佛印又问："三年前你是怎么过的？"少妇说："那时我无忧无虑、自由自在。""那时你有丈夫和孩子吗？""当然没有。""那你不过是被命运送回到了三年前。现在你又可以无忧无虑、自由自在了。"少妇揉了揉眼睛，觉得自己的人生恍如一梦。她想了想，向佛印道过谢后便走了。

三年前，少妇是快乐的；三年中，她有了丈夫和孩子的相伴，她也是幸福的；而三年后，失去了丈夫和孩子，她却陷入了痛苦的泥潭，不能自拔。三年前的快活犹在心中，却难以抵消三年后的苦恼。经佛印禅师指点，才明白所谓得到与失去，不过是人生的一段经历。

人生就如善变的天气，阴晴不定，这里既有莫测的苦，又有多彩的乐。从生到死，就像一场风吹过，走过春夏，卷过秋冬，走过悲欢，卷过聚散，走过红尘遗恨，卷过世间恩情。人生如梦，多少事将付诸笑谈。想要看得开、忍得过、放得下，不妨常以吉祥上师的话来鼓励自己，把一切交给时间吧！它的无情与绝情有时候恰是对生命最公正的评判。

慧心智语

不妨把一切交给时间，它的无情与绝情有时候恰是对生命最公正的评判。

【第九章】

每一天都是快乐的假期

人生里，时间的脚步一共有三个节拍：静止的过去，流逝的现在，遥远的未来。生活的很多痛苦归根结底都是因为人们想得太多。我们为昨天而懊恼，为明天而担忧，却常常忽略了当下的每一天。如果能够好好地把握当下，放下对过去的遗憾和对未来的妄想，我们就能开心地活在当下。快乐如此，每一天都是幸福的假期。

有一种深刻就藏在简单之中

那是1941年美国深夜的洛杉矶，在一间宽敞的摄影棚内，有一群人正忙着拍摄一部电影。刚开拍几分钟，年轻的导演就大喊起来："停！"他一边做动作一边对着摄影师大声说："我要的是一个大仰角，大仰角，明白吗？"这个大仰角的镜头已经反复拍摄了十几次，演员、录音师……所有的工作人员都已累得筋疲力尽，可这位年轻的导演总是不满意，一次次地大声喊停，一遍遍地向着摄影师大叫"大仰角"。

此时，扛着摄影机趴在地板上的摄影师再也无法忍受这个初出茅庐的小伙子了，他站起来大声吼道："我趴得已经够低了，你难道看不到吗？"周围的工作人员忽然变得非常安静，都停下手中的工作，看着他们，不知道谁会来收拾这个残局。年轻的导演镇定地盯着摄影师，一句话也没有说。

突然，他转身走到道具旁，在人群的惊呼声中，捡起一把斧子，向着摄影师快步走了过去，只见年轻的导演抡起斧子，向着摄影师刚才趴过的木制地板猛地砍去，一下、两下、三下……他把地板砸出了一个窟窿，让摄影师站到洞中，平静地对他说："这就是我要的角度。"就这样，摄影师蹲在洞中，压低镜头，拍出了一个前所未有的大仰角。

这位年轻的导演名叫奥逊·威尔斯，这部电影便是《公民凯恩》。电影因大仰拍、大景深、阴影逆光等摄影创新技术及新颖的叙事方式，被誉为美国有史以来最伟大的电影之一，至今仍是美国电影学院必备的教学影片，也是世界电影史上一颗宝贵的明珠。

在这个小故事中，细心的人们可以发现一个道理：有些看起来原本很艰难的事儿，其实做起来很容易。最重要的就是要换个思路，换个视角。吉祥上师就此也常常提醒我们说："世界上很

多深刻的道理其实都藏在简单的事情中。”当我们智慧升起的时候，也许就是为人处世最简单、最直接、最有效的时候。所以说，能够把复杂的问题变得简单，就是智慧。

其实，世间事莫不如此。当改变了看待生命的角度时，我们就可以看见一个和原来截然不同的人生，那些曾经被我们无限放大的痛苦，其实不过是芝麻绿豆大的小事。如果我们能跳出局限，就不会为小事纠结；一旦放宽视野和心胸，我们就会惊叹世界之大；在我们转变视角看待世界的时候，本来很复杂的问题就会变得很简单。

有一则关于父与子的故事：

在一个周末的早上，外面下着小雨，妻子不在家，儿子无所事事，于是央求父亲陪自己玩一会儿。可父亲正在为自己的琐事烦闷，于是随手抓起一本旧杂志，翻了翻，看见一张色彩艳丽的世界地图。于是，父亲把这一页撕下来，然后把它撕成小片，丢在客厅的地板上，说：“你把它拼起来，我就给你一块巧克力。”

父亲心想，他至少会忙上半天，自己也能安静地思考自己的事情了。谁知，不到10分钟，儿子就告诉他已经拼好了。父亲十分惊讶，到客厅一看，每一张纸片都拼在了它应在的位置上，整张地图又恢复了原状。

“孩子，你怎么这么快就拼好了呢？”父亲疑惑地问。儿子得意地说：“很简单呀！这张地图的背面有一个人的图画。我先把人的图画拼起来，然后翻过来，地图自然就拼好了。我想，如果人拼得对，地图一定拼得不错。”父亲非常高兴，给了儿子一块巧克力：“你不但拼好了地图，而且也让父亲明白了一点，即‘如果一个人是对的，那么他的世界也是对的’。”

这是一个在成年眼中需要耗时费力的游戏，可是在孩子的眼中却如此简单。所以有那么多人都在怀念自己的童年，渴望回到从前。因为，在那些单纯的眼睛看来，世界也是简单的。

慧心智语

智慧就是，把复杂的问题变简单。

把过去交给过去，把未来交给未来

吉祥上师在带领弟子禅修时，说过这样一句颇有禅意的话："把过去交给过去，把未来交给未来。"这是对"活在当下"这一流行话题的最好诠释，也是开启智慧法门的一条捷径。

那些过去的人和事已经消失在苍茫的人海中、无涯的时间里。当我们屏气凝神，细细品味生活的时候，内心就会变得非常宁静，在这份沉静中，我们的执着、妄念将会得到克制。闭目冥想，在千百万年的时间里，在永恒浩渺的宇宙中，每一个生命是如此的细微、脆弱，不能改写过去和未来的命运，我们能够做的，只是沉静下来，把过去的时光交给过去，把未来的希望留给未来，把我们自己的心灵留在当下，活在当下的每分每秒里。

"过去是未来，未来是过去，现在是去来，菩萨晓了知。"这是"现在主义"的禅诗：过去就是未来，未来也就是过去，现在就是过去以及未来。而在现实世界中，我们常常被时间蒙骗，以为过去的已经过去，未来的一定会来，现在的永远不变。其实，在时间的脉络中，时间的过去、现在和未来是互相交错不可分割的，我们唯一能够把握的只有现在。所以，不要牵挂过去，不要担心未来，踏实于现在，便能与过去和未来同在。

有人曾请教大龙禅师："有形的东西一定会消失，那么世上会有永恒不变的真理吗？"大龙禅师回答："山花开似锦，涧水湛如蓝。"如锦缎般盛开的鲜花，虽然转眼便会凋谢，但依然不停地奔放绽开碧玉般的溪水，虽然映照着同样蔚蓝如洗的天空，却每时每秒都在发生变化。

世界是美丽的，但所有的美丽似乎都会转瞬而逝。这也许会让人伤感，但生命的意义的确在于过程。时间像是一支离了弦、永不落地的箭，是单向的，不能回头，所以我们要把握住现在、今朝，认真地活在当下。能够抓住瞬间消失的美丽，就是一种收获。

从前，有个小和尚每天早上负责清扫寺庙院子里的落叶。清晨起床扫落叶实在是一件苦差事，尤其在秋冬之际，每一次起风时，树叶总随风飘落。每天早上，小和尚都需要花费许多时间才能清扫完树叶，这让他头痛不已。他一直想要找个好办法让自己轻松些，后来，有个和尚跟他说：“你在明天打扫之前先用力摇树，把落叶统统摇下来，后天就可以不用扫落叶了。”小和尚觉得这是个好办法，于是隔天他起了个大早，使劲地摇树，觉得这样他就可以把今天跟明天的落叶一次扫干净了。那一整天，小和尚都非常开心。

可是第二天，小和尚到院子里一看，不禁傻眼了：院子里如往日一样落叶满地。这时老和尚走了过来，对小和尚说：“傻孩子，无论你今天怎么用力摇，明天的落叶还是会飘下来的。”小和尚终于明白了，世上有很多事是无法提前预支的，无论欢乐与愁苦，唯有认真地活在当下，才是最真实的人生态度。

明天的落叶，怎么能在今天全部扫干净呢？再勤奋的人也不能在今天处理完明天的事情，所以，不要预支明天的烦恼，认真地活在今天，比什么都重要！放下过去的烦恼，舍弃未来的忧思，顺其自然，把全部精力用来承担眼前的这一刻，因为失去此刻便没有下一刻，不能珍惜今生也就无法向往未来。

曾有人问一位禅师："什么是活在当下？"禅师回答说："吃饭就是吃饭，睡觉就是睡觉，这就叫活在当下。"仔细想来，人生最重要的事情不就是我们现在做的事情吗？最重要的人不就是现在和我们在一起的人吗？而人生最重要的时间不就是现在吗？

那些张皇失措的观望、心无定数的期盼，除了妄想以外，几乎不能给人们带来什么快乐，反倒是那些懂得路在脚下的人往往能够踏踏实实地走好每一步。还记得那个耳熟能详的故事吗？

一位老禅师带着两个徒弟，提着一盏灯笼行走在夜色中。一阵风吹来，灯笼被吹灭了。徒弟担心地问："师父，怎么办？"师父淡淡地说："看脚下！"

当一切变成黑暗，后面的来路与前面的去路都看不见、摸不着的时候，我们要做的就是，看脚下，看今生！

慧心智语

放下过去的烦恼，舍弃未来的忧思，顺其自然，把全部精力用来承担眼前的这一刻。

最好的感恩就是珍惜当下

几乎每一个拥有大智慧的人都怀着一颗感恩之心，因为感恩，所以他们懂得善待；因为善待，所以他们懂得慈悲。吉祥上师就是这类人的典型，他经常教育自己的弟子："我们看过的每一本书，吃过的每一顿饭，都凝聚着许多人的心血。我们应该好好地感恩大家，感恩所有对我们的生命进行关怀与守护的人。"

当很多人还只是将感恩当作口号的时候，吉祥上师已经开始教导弟子们去实践自己的感恩理想了。他一再强调，感恩不是停留在虚空的边上，而是我们从当下去努力、去行动、去珍惜、去创造。唯其如此，我们的生活才能有更多更好的改变。在吉祥上师看来，最好的感恩是什么呢？就是珍惜当下。

珍惜眼前的一草一木、一花一树，也珍惜每一滴水、每一粒米。无论人与事，都以最美好的心态看之，以乐观的方式待之，这就是最好的感恩。

也许很多人都听说过，西方人喜欢在感恩节的晚餐桌前，表达对上帝的感谢，但你听说过有人感谢上帝没有把他变成一只火鸡吗？故事是这样的：

感恩节前，波士顿一家幼儿园的老师在课堂上给孩子们提了一个问题："感恩节快到了，孩子们，你们可不可以告诉我，你们将要感谢什么呢？"老师让孩子们思考了一会儿，然后开始提问。

"琳达，你要感谢什么？""我的妈妈每天很早起床给我做早饭，我想，我在感恩节那天一定要感谢她。""嗯，不错。彼得，你呢？""我的爸爸今年教会了我打棒球，所以我特别想感谢他。""嗯，能打棒球了，很好！玛丽。""无论是上学还是放学，学校的守门人总是微笑地看着我们来来往往。虽然她自己很孤单，没有多少人关心她，她却把关怀的微笑送给了我们。我要在感恩节那天送给她一束花。""很好！杰克，轮到你了。"

老师微笑地看着前排的小男孩。

“我们每年感恩节都要吃火鸡，大大的火鸡，肥肥的火鸡，大家都非常爱吃。他们只是大口大口地吃火鸡，却从不想一想火鸡是多么可怜。感恩节那天，会有多少只火鸡被杀掉呀……”“能不能简短一些？我觉得你跑题了，杰克。”杰克向四周望了一眼，开心地说：“我要感谢上帝没有让我变成一只火鸡。”

不知道这位老师对杰克的答案是否满意，但是读完这个故事后，我们是不是也该在心里由衷地感谢上帝没有让自己变成一只火鸡呢？

是的，快乐是如此简单，只要懂得感恩，抛下一切杂念，美好的事物

就会触手可及。假如放下心中的抱怨和不满足，把生命中的每一段经历当做最后一次去珍惜，感恩生活赐予我们的一切，我们是不是会活得更加轻松、更加快乐呢？

早上起来，看到窗外的阳光，我们会感恩；吃一块面包，想到一餐一饭的来之不易，我们会感恩；接到朋友的电话，感受到友谊的包围与温暖，我们会感恩；看到一只小鸟在树上唱歌，我们也会由衷地感恩；看到猫咪恬静地睡在床头，我们会感恩。然后我们的一天乃至一生，就在这感恩的心情中度过。如此，我们还有什么不幸福的事情去烦恼呢？

有人曾请佛陀指点生活的迷津，佛陀慢慢邀他进入内室，耐心聆听此人滔滔不绝地谈论自己存疑的各种问题。许久过后，佛陀举手，此人立即住口，想知道佛陀要指点他什么。“你吃早餐了吗？”佛陀问道。这人点点头。“你洗了早餐的碗吗？”佛陀再问。这人又点点头，接着张口欲言。佛陀在这人说话之前说道：“你有没有把碗晾干？”“有的，有的。”此人不耐烦地回答，“现在你可以为我解惑了吗？”“你已经有了答案。”佛陀回答，接着把他请出了门。几天之后，这人终于明白了佛陀点拨的道理。佛陀是提醒他要把重点放在眼前，将眼光放在当下。

是的，能够好好地珍惜当下，不正是对生命最好的感恩吗？每时每刻都以感恩之心幸福地生活，我们还有什么烦恼不能超脱呢？

慧心智语

感恩不感伤，忏悔莫后悔。

从泥泞小路走向康庄大道

李雪峰曾经写过一篇叫作《泥泞中有脚印》的文章，讲的是鉴真大师的故事。

鉴真大师是大家都很熟悉的唐代高僧，他东渡扶桑，是把佛法传到日本的第一人。鉴真大师刚刚遁入空门的时候，寺里的住持并不十分重视他，只安排他做了一个谁都不愿意做的行脚僧。鉴真的心里非常不高兴，住持也看出了他的心情，可并没有安慰他，也没有对他讲很多道理。

有一天，突然下起雨来，住持便跟鉴真说让他陪自己在寺院周围走一走。鉴真依言随行，他们边走边聊，住持拍着鉴真的肩说："你是想当一天和尚撞一天钟呢？还是想做一个光大佛法的名僧？"这个问题实在太简单了，谁都不愿意做一天和尚撞一天钟，都想成为弘扬佛法的高僧。所以鉴真听了之后，一时不知该如何回答。

这时，住持笑着问他："你昨天是不是在这条路上散步了？"鉴真点点头，住持接着问道："你能找得到昨天的脚印吗？"鉴真摇摇头，说道："不能。昨天的道路非常干燥，平坦坚实，踩不出任何脚印。"

住持笑了，接着问："那你看今天下雨，路湿泥泞，能留下脚印吗？"鉴真回头一望，泥泞之中，一步一个脚印，清晰可见。于是高兴地回答："已经留下了。"

其实，住持告诉鉴真的道理适用于我们每一个人：如果我们的一生忙忙碌碌，却没有经历过任何风雨，就如同走在干燥坚硬的路面上，什么痕迹也留不下。可是，如果我们愿意脚踩泥泞，一步一个脚印地去走，就可以在世间留下属于我们自己的足迹。

吉祥上师就经常以此来教育弟子："鉴真东渡扶桑，历史上留下人类的一天，就永远都留下了鉴真大师的脚印。他的脚印不仅仅留在日本文化史上，还留在了每个人的心里。"

我们应该了解，无论多么难走的道路，只有艰难走过之后，才能留下脚印，而只有留下脚印，才能在人们的心里踩出一条宽阔的大路。

那些今天在世俗眼中功成名就的人，几乎都是由坎坷人生所成就的。

克林顿的童年就很不幸，他出生前4个月，父亲死于一场车祸，母亲因无力养家，只好把出生不久的他托付给自己的父母抚养。童年的克林顿受到了外公和舅舅的深刻影响。他说，他从外公那里学会了忍耐和平等待人，从舅舅那里学到了说到做到的男子汉气概。不幸的是，他7岁时随母亲和继父迁往温泉城，双亲之间常因意见不合而发生激烈冲突。继父嗜酒成性，酒后经常虐待克林顿的母亲，小克林顿也经常遭其斥骂。这给从小就寄养在亲戚家的小克林顿的心灵蒙上了一层阴影。坎坷的童年生活，使克林顿形成了尽力表现自己、争取别人喜欢的性格。他在中学时代非常活跃，一直积极参与班级和学生会活动，并且有较强的组织和社会活动能力。

1963年的夏天，他在“中学模拟政府”的竞选中被选为参议员，应邀参观了首都华盛顿，这使他有机会看到“真正的政治”。参观白宫时，他得到了肯尼迪总统的接见，不但同他握了手，而且还合影留念。此次华盛顿之行是克林顿人生的转折点，他的理想由当牧师、音乐家、记者或教师转向了从政，梦想成为肯尼迪第二。有了目标和坚强的意志，克林顿此后30年的全部努力都紧紧地围

绕这个目标。上大学时，他先读外交，后读法律——这些都是政治家必须具备的知识修养。离开学校后，他一步一个脚印：律师、议员、州长，最后终于成为总统。在美国历史上，留下了自己浓墨重彩的一笔。

每个人都希望在一个平和顺利的环境中成长，但上天似乎并不喜爱安逸的人们，它总是挑选出最杰出的人物，让他们在历经磨难、千锤百炼之后，最终百忍成金。有人说：“苦难是一所学校。”每一个渴望成功的人都需要到其中接受教育，只有历经风雨的洗礼，生命才能焕发夺目的光彩。

学业的失意、疾病的折磨、自信的受损、亲人离去的悲痛……在踏上人生路途的时候，我们就该知道未来并不是坦途，其中充满种种的坎坷与挫折。要接受温润的春和赤烈的夏，就必须接受清冷的秋和寒冽的冬，正像茶叶一样，只有坦然面对沉浮，才能让生命散发缕缕清香。

慧心智语

我们每个人在踏上人生路途的时候，就该知道未来并不是坦途，其中充满种种的坎坷与挫折。要接受温润的春和赤烈的夏，也要接受清冷的秋和寒冽的冬。就像一杯好茶，只有坦然面对沉浮，才能让生命散发出缕缕清香。

中篇

修心

——修好心，好成事

【第一章】

观照内心，修好心转好运

心中有根，就能开花结果；心中有愿，就能成就事业；心中有理，就能走遍天下；心中有德，就能涵容万物；心中有佛，就能立处皆真。佛性就在自心，无须向外求索。自我观照，反求诸己，就能认识自己；自我更新，不断净化，就能控制自己；修一颗本心，在任何境遇下都坚守自我，就能活出精彩，改变命运。

先学做人，再学做佛

佛学思想中有这样一个观念：人来到这个世界，是为偿还欠债，报答所有恩缘。因为我们赤条条地来到这个世界上，本来一无所有。长大成人，吃的、穿的、所有的一切，都是众生、国家、父母、师友们给予我们的恩惠。只有我负别人，别人并无负我之处，因此，要尽我所有，尽我所能，贡献给世人，以报答其恩惠，还清我生生世世累积起来的旧债，甚至不惜牺牲自己而为人、济世、利物。

国学大师南怀瑾在讲解《金刚经》时说：“先学做人，能把儒家四书五经等做人之理通达了、成功了，学佛一定成功。像盖房子一样，先把基础打好。人都没有做好，就要学佛，你成了佛，我成什么？要注意啊！要先学做人，人成了，就是成佛，佛法告诉你的就是这个道理。”

很多人苦苦寻觅幸福，但佛陀告诉世人，做好自己，做好眼前的事，即得幸福，得道。其实，学佛也好，找到幸福也好，首先最应该做的不是念“阿弥陀佛”或空想，而是做好当下的事情，完成一个人在这世上应该做的事。只有把该做的事情做圆满了，才能体悟生活的道理，领悟人生的真谛，获得对尘世的正确见解。老老实实做人，踏踏实实做事，那么，人人都可成佛。

有一位年轻和尚，一心求道，多年苦修参禅，但一直没有开悟。

有一天，他打听到深山中有一古寺，住持和尚修炼圆通，是得道高僧。于是，年轻和尚打点行装，跋山涉水，千辛万苦来到住持和尚面前，两人打起了机锋。

年轻和尚："请问高僧，您得道之前，做什么？"

住持和尚："砍柴担水做饭。"

年轻和尚："得道之后又做什么？"

住持和尚："砍柴担水做饭。"

年轻和尚哂笑："何谓得道？"

住持和尚："我得道之前，砍柴时惦念着挑水，挑水时惦念着做饭，做饭时又想着砍柴；得道之后，砍柴即砍柴，担水即担水，做饭即做饭，这就是得道。"

住持和尚说，得道就是“砍柴即砍柴，担水即担水，做饭即做饭”，这真是一语道破禅机，认认真真地干好手中的每件事情便是得道。不要把佛法想得过于高深和遥不可及，其实佛法很平凡，它存在于我们生活的每个细节之中。做佛就是做人，一个真正成佛的人，往往在人间最平常的地方。正如佛所说，真正的智慧成就，即非般若波罗蜜。“般若波罗蜜”是梵语，是“智慧”的意思，智慧到了极点，到了没有智慧的境界，那才是真智慧。真理就存在于平凡中，能到达人间最平凡处，才能接近佛法之道，也就是做人之道。

在佛家看来，世法与佛法是同样的道理，因此，出家的人要懂世法，世法懂了，佛法就通了。真正的佛法，并不是以梅花明月、洁身自好便能彻悟的，后世学佛的人，只重理悟而不重行持，大错而特错矣。

先学做人，再学做佛，这是佛法的本义。一个人如果真的能够照此修行，不但可以使自己获得幸福，还能够造福社会，成为社会的有用之材。

慧心智语

佛法很平凡，它存在于生活的每个细节之中，做佛就是做人。

踏踏实实，保持真实的自己

“木末芙蓉花，山中发红萼。涧户寂无人，纷纷开且落。”这是王维的一首诗，名叫《辛夷坞》。这首诗写的是在辛夷坞这个幽深的山谷里，辛夷花自开自落，平淡得很，既没有生的喜悦，也没有死的悲哀。无情有性，辛夷花得之于自然，又回归自然。它不需要赞美，也不需要人们对它的凋谢洒同情之泪，它把自己生命的美丽发挥到了极致。

在佛家眼中，众生平等，没有高低贵贱，每个个体都自在自足，自性自然圆满。《占察善恶业报经》有云：“如来法身自性不空，有真实体，具足无量清净功业，从无始世来自然圆满，非修非作，乃至一切众生身中亦皆具足，不变不异，无增无减。”一个人如果能体察到自身不增不减的天赋，就能在世间拥有精彩和圆满。

我们常常会有这样的感觉，远处的风景都被笼罩在薄雾或尘埃之下，越是走近就越是朦胧；心里的念头被围困在重峦叠嶂之中，越是急于走出迷阵就越是辨不清方向。这是因为我们过多地执着于思维，而忽视了自性。佛祖曾经讲过一个故事，教导我们认识自性。

一位富人有四位妻子：第一个妻子活泼可爱，在富人身边寸步不离；第二个妻子是富人抢来的，倾国倾城却不苟言笑；第三个妻子整天忙于打理富人的琐碎生活，把家中大小事务管理得井然有序；第四个妻子终日东奔西跑，富人甚至忘记了她的存在。

富人生病即将去世，他把四位妻子叫到床前，问她们：“平日里你们都说爱我，如今我就要死了，谁愿意陪我一起去阴间呢？”

第一个妻子说：“你自己去吧，以前一直都是我陪在你身边，现在该换她们了。”

第二个妻子说：“我是迫于无奈才嫁你为妻的，活着的时候都不情愿，更不要说陪你赴死！”

第三个妻子说：“虽然我很爱你，但是我已经习惯了安逸稳定的生活，不愿意陪你去过餐风饮露、衣食无着的日子。”

富人非常伤心，他近乎绝望地看着第四个妻子。

第四个妻子说：“既然我是你的妻子，无论你到哪里我都会陪在你身边。”

富人心中一惊，既感动又愧疚地看着第四个妻子，含笑去世。

佛祖解释说：“其实这位富人就是芸芸众生中的一位，四位妻子则代表每个人活着的时候所拥有的东西。第一位妻子指的是你们的肉体，生来不可剥离，死时却注定要分开；第二位妻子指的是你们的金钱，生不带来，死不带去；第三位妻子指的是你们的妻子，活着的时候相敬如宾、举案齐眉，死的时候仍然要分道扬镳；第四位妻子指的是你们的自性，人们常常忘记了她的存在，而她却永远陪伴着你。”

每个人都有自性，也就是自己的本心，生而相随，死而相伴，不能抛却。然而，并不是所有人都能体察自性，于是很多人随波逐流，丧失自我。我们常常需要他人的赞美才能前行，一旦受打击就会停滞不前。要做到像辛夷花一样平淡地自开自落并不容易，但如果明了自己的本心，并坚信执守，就不会被他人的态度左右。

我们无法改变别人的看法，但可以保持一个真实的自己。想要讨好每个人是愚蠢的，也没有必要，与其把精力花在别人身上，还不如用尽全力踏踏实实做人、兢兢业业做事。改变别人的看法是很难的，做好自己却是容易的，如果一个人能保持自我生命的圆满，修一颗笃定的本心，就能把生命的精彩发挥到极致。

慧心智语

我们无法改变别人的看法，但可以保持一个真实的自己。

主动孤独，沉淀一切烦恼

有的人生性好静，懒于在灯红酒绿、尔虞我诈的社交场合敷衍应酬，闲暇时更愿意结伴于青灯古卷，品茗读书，抑或独自远行，涉足山川沃野。但是，更多的人害怕孤独，无论是独自垂钓的宁静和淡泊，还是众人皆醉我独醒的超然，于他们而言，都是不堪忍受的折磨。

佛家将孤独的形式分为四种：

第一种是“主动的孤独”，就是为了修行而主动创造一个与他人隔绝的环境，无论打坐诵经，还是读书写作，都完全不受外界的干扰，只留下一颗求知之心。

第二种是“被动的孤独”，可以理解为情感上的孤独，是一个人从内心深处感受到的寂寞，或被团体成员所排斥时，即使身在团体之中依然能感觉到的孤独。

第三种是“思想的孤独”，当一个人的观点不为他人所接受，思想得不到他人认可时，就会感受到精神上的孤立无援。

第四种是“权势的孤独”，高处不胜寒的感受是大多数身居高位的人所共有的。

孤独的形式有所不同，但孤独的味道每个人都品尝过。下面这个故事中的修行者，就是一个切身体会到孤独并为此痛苦的人。

在一次禅七(禅宗的参禅方法,以七日为期坐禅修行)中,一位修行者突然哭了起来。圣严法师问他为何哭泣,他回答:“生活在世界上的孤独感让我害怕。”

圣严法师说:“难道你不知道每个人都是独自来到这个世界,最后也独自离开吗?”

修行者说知道,但是仍然害怕。

圣严法师问:“那么在禅七修行中你还害怕吗?”

他说不怕,但是一回到日常生活中,由孤独而生的恐惧与不安就会再度袭来。

这个修行者所体验到的更多是情感上的孤独，情感无所寄托让他感到茫然和痛苦。在现实生活中，孤独是不可避免的，但是我们可以改变面对孤独的态度。事实上，孤独是修行与生活中都必不可少的状态，尤其对于真正有心修行的人来说，热闹的场合固然可以参与，但更应该适应孤独的情境，并且要能够出于自愿随时置身于孤独之中，追求“主动的孤独”。

一位禅宗大师曾闭关修行多年，在闭关之前，一位年老的居士前来拜访，并问他：“你想成为什么样的和尚？”禅师并未作出明确的回答，这就像无法预计陶器经过炉火的烧烤会变成什么样子。孤独的修行与学习就像陶器烧制的过程一样，痛苦在所难免，但能使人得到提升。

一个人独处时，最好的知音是自己，最大的敌人也是自己。对于修佛之人而言，倘若一个人的修行功夫不够深，就很容易被自己的妄念左右。对于普通人来说更是如此，在孤独的环境中，若不能踏踏实实地潜心学习，就可能迷失在自己所设的迷障中。

孤独固然令人痛苦，但能让人变得更加坚强、更加成熟。“主动的孤独”更是如此，无论是修行，还是日常的学习，孤独的环境都能够让人获得平静的心态和静谧的氛围，不容易受到外界杂务琐事的干扰。在孤独的环境中，人最好的知音就是自己，通过“主动的孤独”，平静地面对自己，调理身心，思考生命。当人处于孤独之中时，一切烦恼和牵挂都沉淀下来，这样他会更容易看见自己的内心深处，更容易在内心深处找到自我，了解自己。只有真正了解自己，才能在现实生活中找到适合自己的人生方向，并努力贯彻，坚持到底。

慧心智语

一个人处于孤独之中时，一切烦恼和牵挂都会沉淀下来，会更容易看见自己的内心深处，更容易找到自我，了解自我。

自省的力量

自省，就是自我反省、自我检查，自知已短，从而弥补短处、纠正过失。佛陀强调自觉觉他，强调以达到觉行圆满为修行的最高境界。要改正错误，除了虚心接受他人意见之外，还要不忘时时观照己身。自省自悟之道，可以使人在不断的自我反省中达到水一样的境界，在至柔之中发挥至刚至净的威力，具有广阔的胸襟和气度。

“知人者智，自知者明。”观水自照，可知自身得失。人生在世，若能时刻自省，还有什么痛苦、烦恼是不能排遣、摆脱的呢？佛说：“大海不容死尸。”水性是至洁的，表面藏垢纳污，实质水净沙明，至净至刚，不为外物所染。

古代，一位官员被革职遣返，心中苦闷无处排解，便来到一位禅师的法堂。禅师静静地听完了此人的倾诉，将他带入自己的禅房之中。禅师指着桌上的一瓶水，微笑着对官员说：“你看这瓶水，它已经放置在这里许久了，每天都有尘埃、灰烬落在里面，但它依然澄清透明。你知道这是何故吗？”官员思索了良久，似有所悟：“所有的灰尘都沉淀到瓶底了。”

禅师点了点头，说道：“世间烦恼之事数之不尽，有些事越想忘掉却越挥之不去，那就索性记住它好了。就像瓶中水，如果你不停地振荡它，就会使整瓶水都不得安宁，混浊一片；如果你愿意慢慢地、静静地让它们沉淀下来，用宽广的胸怀容纳它们，那么心灵不但并未因此受到污染，反而更加纯净。”官员恍然大悟。

观水学做人，时常自省，便能和光同尘，愈深邃愈安静；便能至柔而有骨，执着而穿石，以“天下之至柔，驰骋天下之至坚”。时常自省，便能灵活处世，不拘泥于形式，因时而变，因势而变，因器而变，因机而动，生机无限；时常自省，便能清澈透明，纤尘不染；时常自省，便能润泽万物，有容乃大，通达而广济天下，奉献而不图回报。

古人说：“以铜为镜，可以正衣冠；以史为镜，可以知兴替；以人为镜，可以明得失。”如果没有自省的态度，那么，即使明镜摆在面前，也是视若无睹，何谈正衣冠、知兴替、明得失呢?

佛陀为了说明自省过失的重要性，作了一个比喻，记载于《百喻经》中。

有一个村庄的人合伙偷得了一头牛，并将它宰杀后分食。失牛的人追踪到村子里，问村人：“我的牛在你们村庄里吗？”

偷牛的村人答：“我们没有村庄。”

失牛人问：“池边不是有棵树吗？”

村人答：“没有树。”

失牛的人又问：“你们是不是在村庄的东边偷牛？”

村人仍旧回答：“没有‘东边’。”

失牛的人再问：“你们是不是在正午偷牛？”

村人还是回答：“并没有‘正午’。”

于是，失牛的人说：“没有村庄，没有池塘，没有树还算合理，可是天底下怎会没有东边，没有正午呢？所以你们一直在说谎，牛一定是你们偷的。”

那些村人再也无法抵赖，只好承认。

佛陀用这个故事来比喻那些犯了戒条却极力隐藏，不肯自省忏悔、改过迁善的人，他们总是用一个谎言来掩盖另一个谎言，最终无法掩盖其罪。只有勇于承认自己的过失，恳切地发出忏悔，才能走上光明的大道。

人人都犯过错误，但很少有人能自省，因为自省是一次自我解剖的痛苦过程，好比一个人拿起刀亲手割掉身上的毒瘤，需要巨大的勇气。认识到自己的错误或许不难，而用一颗坦诚的心灵面对它，却不是一件容易的事。懂得自省，是大智；敢于自省，则是大勇。割毒瘤可能会有难忍的疼痛，也会留下疤痕，却是根除病毒的唯一方法。只要“坦荡胸怀对日月”，心地光明磊落，自省的勇气就会倍增。

自省是道德完善的重要方法，是治愈错误的良药，它能给混沌的心灵带来一缕光芒。在我们迷路时，在掉进了罪恶的深渊时，在灵魂被扭曲时，在自以为是、沾沾自喜时，自省就像一道清泉，将思想里的浅薄、浮躁、消沉、自满、狂傲等污垢荡涤干净，重现清新、昂扬、雄浑和高雅，让生命重放异彩、生机勃勃。

慧心智语

时常自省，便能和光同尘，愈深邃愈安静。

以自谦的态度提升自己

修行之人，要戒骄戒躁，而对“我”的强烈执着，往往使人无法认清自我而容易自大，在待人处世之时就会表现得傲慢无礼。人一旦忽视了因缘的帮助，而错认为所有的成就完全是来自于自身的能力与伟大，就容易产生“慢”的心理。

“慢”的表现分为四种：

第一种是源于不能正确认识自己而自以为了不起的傲慢。

第二种是自己觉得强过别人而产生的慢心。

第三种是增上慢，在修行中有了一点经验就觉得自己修成了正果。

第四种是卑劣慢，也就是人们常说的酸葡萄心理，自己明明有缺点，却不肯承认别人比自己优秀，甚至鄙视别人的优点和成就。

一个傲慢的人常常会因为过于自大而忽视了身边人的感受，会漠视甚至伤害到身边的人。傲慢的人经受不住挫折，一旦遭到别人的批评或者责怪，就容易愤怒，甚至攻击别人，以求自慰。

日本明治时代有一位著名的南隐禅师，常常能用一两句话给人以深刻的点拨，很多人慕名而至，前来问佛参禅。

有一天，一位官员前来拜访，请南隐禅师为他讲解何谓天堂，何谓地狱，并希望禅师能够带他到天堂和地狱去看一看。南隐禅师面露鄙夷之色，开始用刻薄的语言嘲笑官员的无知。

官员大怒，立刻让身边的差役棒打南隐禅师，南隐禅师跑到佛像后面，探出头来对着官员喊：“你不是让我带你参观地狱吗？看，这就是地狱！”

官员顿时明白了南隐禅师所指，心生愧疚，于是低头向禅师道歉，官员被南隐禅师的智慧所折服，神情之中流露出谦卑之色。

南隐禅师又说：“看，这不就是天堂吗？”

在听到南隐禅师的辱骂之后，这名官员尚未思考禅师的用意便勃然大怒，是对我相的过于执着，一念之间，便坠入地狱；反之，当他以一颗谦卑之心待人时，便身处于天堂之中，这正是一念天堂，一念地狱。由此可知，谦虚能够助人克服傲慢之心，将人从负面情绪的炼狱之中解脱出来。

谦虚是一种美德，古语有云："谦受益，满招损。"一个谦虚的人，始终将自己摆放在比真正的自我更低的地方，就好像大海本在最低处一样，位置定得低，才能拥有更加广阔的提升空间。

有一个学僧在无德禅师座下学禅，刚开始他还非常专心，学到了不少东西。一年之后他自以为学得差不多了，便想下山去云游四方，禅师讲法的时候他什么都听不进去，还常常表现出不耐烦的样子。他的这些行为无德禅师全看在了眼里。

这天无德禅师决定问清缘由，他找到学僧问："这些日子，你听法时经常三心二意，不知是何原因？"

学僧见禅师已识透他的心机，便不再隐瞒什么，对禅师说："老师，我这一年学的东西已经够了，我想去云游四方，到外面去参禅学道。"

"什么是够了呢？"禅师问。

"够了就是满了，装不下了。"僧人认真地回答。

禅师随手找来一个木盆，然后装满鹅卵石，问学僧："这一盆石子满了吗？"

"满了。"学僧毫不犹豫地答道。

禅师又抓了好几把沙子撒入盆里，沙子漏了下去。

"满了吗？"禅师又问道。

"满了！"学僧还是信心十足地答道。

禅师又抓起一把石灰撒入盆里，石灰也不见了。

"满了吗？"禅师再问。

"好像满了。"学僧有些犹豫地说。

禅师又往盆里倒了一杯水下去，水也不见了。

"满了吗？"禅师又问。

学僧没有说话，跪拜在禅师面前道："老师，弟子明白了！"

学到一点东西就不可一世、盲目骄傲是可笑而且可怜的。一颗谦虚的心正如那盛了石子、沙子、石灰及水的木盆，总是能盛放更多的东西，在日积月累中不断充盈，谦虚的人才能成为真正的智者。

骄傲是一种不幸，自负是一种毁灭。俗话说：“谦虚的人马到成功，骄傲的人日暮途穷。”谦虚的人，因为看得透彻，所以不急躁；因为想得长远，所以不狂妄；因为站得高，所以不骄傲；因为立得正，所以不畏惧。

谦虚之人，虚怀若谷，能纳百川于胸中；而骄傲自满，必难吸收有用之物。人生有涯而学海无涯，一个人不管知识多么渊博，也不过是沧海一粟。只有保持一颗谦虚的心，以一种谦卑的态度处世，才能够在念念之间一步步接近人生的至高境界。

慧心智语

一个谦虚的人，始终将自己摆在比真正的自我更低的地方，就好像大海本在最低处一样，位置定得低，才能拥有更加广阔的提升空间。

【第二章】

做人不比较，做事不计较

心胸豁达开朗的人，凡事看得高远，不会被眼前得失所蒙蔽；心量狭隘自私的人，处处与人计较，无法成就大器。不计较小事，便能减少心灵上的负荷；不听人闲话，就能避免不必要的争端。懂得付出，不计较吃亏，才是富有的人生；锱铢必较，只知道索取，必是贫穷的人生。

让内心开满繁花

佛语："物随心转，境由心造，烦恼皆心生。"这是教世人不要将心境放在居住之环境，而要放在心地。心地好，任何环境都好。心随境转，必然为境所累；境随心转，红尘闹市中也有安静书桌。人生像是一张白纸，色彩由每个人选择；人生又像是一杯白水，放入茶叶则涩，放入蜂蜜则甜，一切都在自己的掌握中。

佛教是个以心为本的宗教，在佛教的修持里常常教人"修行切莫心外求法"，心外求法即是外道。所以，心中有佛光，才能得佛。

月圆之夜，老禅师觉得自己快要圆寂了，便将三位弟子叫到身边说："我这里有一枚铜钱，你们各自出去买一样东西来填满禅房吧。"有两个弟子领了钱出去了，第三个弟子却坐在禅师身边。

不一会儿，一个弟子回来了，对禅师说："师父，我买了十车干草，一定可以填满禅房了。"禅师听后默然不语。

又过了一会儿，第二个弟子回来了。他什么也没说，只是从袖子里取出一支蜡烛，然后点亮。老禅师见后口念：“阿弥陀佛。”

第三个弟子此时站起身来，走到禅师面前，将铜钱还给老禅师，说道：“师父，我的东西也买来了。”说完，他吹熄了第二个弟子的蜡烛，圆月的清辉洒满了禅房，房中的每个人都沐浴在月光下。

禅房里寂静无声。良久，老禅师口念一声佛号后，说：“干草填满了禅房却让禅房变得不洁而黑暗；烛光不值一文却能充盈暗室；月光令玉宇澄清，天地明朗，佛明四宇，佛明我心，月光即佛。不花一文而得我佛，实因心中有佛光。”

老禅师说完将袈裟披在第三个弟子身上，圆寂了。

佛光在心，即可不花一文而得佛，心中满足即可得美好。我们活在世上，每一刻都有无限可能，每一刻都有无限美好，只要心中春风荡漾，哪一刻不是春意盎然？只要在心田栽下美丽的花朵，哪一刻不处在最美好的花季？烦恼、忧愁都是落于镜上的微尘，轻轻拂拭，心境便可光洁如新。

倘若心内装满是非，即使身处花园，也闻不到花香。只有内心开满繁花，才能时刻被芬芳包围。

一天傍晚，一位学僧在寺庙的树下静坐，突然闻到一阵花香。这花香使学僧非常感动，从黄昏静坐到深夜还舍不得离开。

在这无边的宁静中，学僧的心也随花香飘动起来，想到了一些从未想过的问题：草木都是开花的时候才会香，有没有不开花就会香的草木呢？花朵送香都限制在一个短暂的因缘，有没有四季芬芳不败的花朵呢？花朵的香味飘得再远也有一个范围，有没有弥漫世界的香气呢？所有的花香都是顺风飘送，有没有在逆风中也能飘送的香呢？

学僧沉溺于这些问题中，接下来的几天都无法静心。

一天，学僧又坐在花香中出神，方丈走过他静坐的地方，就问他：“你的心绪波动，到底是为了什么呢？”学僧就以自己苦思而难解的问题请教了方丈。

方丈开示说："守戒律的人，不一定要开花结果才有芬芳，拥有智慧之花，也会有芳香。有禅定的心，就不必在因缘里寻找芬芳，他的内心永远保持喜悦的花香。智慧开花的人，他的芬芳会弥漫整个世界，不会被时节范围所限制。一个透过内在拥有戒、定、慧的品质的人，即使在逆境里也可以散发人格的芬芳呀！"

学僧听了，垂手肃立，感动不已。

方丈和蔼地说："修行的人不只要闻花园的花香，也要在自己的内心开花。这样，不管他居住在城市或山林，所有的人都会闻到他的花香！"

人们每天都忙忙碌碌，各种各样的烦恼层出不穷：一个烦恼过去，下一个烦恼又来了。但是，不要将心灵装满无用的烦恼，应在心田种满美好的香花，当娇美的花朵填满我们的内心时，烦恼自然就被驱逐出境了。

佛说："要试图放宽心量，包容世间的丑恶。人家赞美我，我心生欢喜心，但不为欢喜激动，也许这欢乐之后，便是悲伤；人家辱骂我，我不加辩白，让时间去考验对方……"这是劝诫世人不要太计较生活里的是是非非，坦然接受生活的悲喜苦乐。生活中时刻充满阳光，怎会有阴霾肆虐的机会？要学会发现生活中的美，享受生命的美好。

慧心智语

倘若心内装满是非，即使身处花园，也闻不到花香。只有内心开满繁花，才能时刻被芬芳包围。

把嫉妒转化为动力

嫉妒，是一种啃噬人心、让人欲罢不能的妖魔；是一种于人有害、于己无益的消极情绪。

不论家世地位，不论出身背景，都躲不开嫉妒这种病毒的侵袭。

嫉妒的人总是拿别人的优点来折磨自己，无端生出许多怨恨。嫉妒是心灵的地狱，是笼罩在人生道路上的乌云，总是以恨人开始，以害己告终。

佛经中记载了这样一则故事。

在远古时代，摩伽陀国有一位国王饲养了一群象。象群中，有一头象长得很特殊，全身白皙，皮毛柔细光滑。后来，国王将这头象交给一位驯象师照顾。这位驯象师不只照顾它的生活起居，还很用心地教它。这头白象十分聪明、善解人意，过了一段时间之后，他们建立起良好的默契。

有一年，这个国家举行大庆典。国王打算骑白象去观礼，于是驯象师将白象清洗、装扮了一番，在它的背上披上一条白毯子后，交给国王。

国王在一些官员的陪同下，骑着白象进城看庆典。由于这头白象实在太漂亮了，民众都围拢过来，一边赞叹、一边高喊着："象王！象王！"骑在象背上的国王觉得所有的光彩都被这头白象抢走了，心里十分生气、嫉妒，不悦地返回王宫。

回到王宫，他问驯象师："这头白象，有没有什么特殊的技艺？"驯象师问国王："不知道国王指的是哪方面？"国王说："它能不能在悬崖边展现它的技艺呢？"驯象师说："应该可以。"国王说："好，明天就让它在波罗奈国和摩伽陀国相邻的悬崖上表演。"

隔天，驯象师依约把白象带到那处悬崖。国王就说："这头白象能以三只脚站立在悬崖边吗？"驯象师说："这简单。"他骑上象背，对白象说："来，用三只脚站立。"果然，白象立刻缩起一只脚。国王又说："它能两脚悬空，只用两脚站立吗？""可以。"驯象师叫白象缩起两脚，白象很听话地照做了。国王接着又说："它能不能三脚悬空，只用一脚站立？"

驯象师一听，明白国王存心要置白象于死地，就对白象说："你这次要小心一点，缩起三只脚，用一只脚站立。”白象也很谨慎地照做。围观的民众看了，热烈地为白象鼓掌、喝彩，国王心里妒火中烧，就对驯象师说：“它能把后脚也缩起，全身飞过悬崖吗？”

这时，驯象师悄悄地对白象说：“国王存心要你的命，我们在这里会很危险。你就腾空飞到对面的悬崖吧。”不可思议的是，这头白象竟然真的把后脚悬空飞起来，载着驯象师飞越悬崖，进入波罗奈国。

波罗奈国的人民看到白象飞来，全城都欢呼起来。波罗奈国王很高兴地问驯象师：“你从哪儿来？为何会骑着白象来到我的国家？”驯象师便将经过一一告诉国王。国王听完之后，叹道：“人的心胸为什么连一头象都容纳不下呢？”

嫉妒是一种危险的情绪，它源于人对卓越的渴望与心胸的狭窄。嫉妒可以使天才落入流言、恶意编织而成网中被绞杀，也可能令智者陷入个人与他人利益的冲撞中寻不到出路。它不但损害着他人，也伤害着自己。

产生了嫉妒心理并不可怕，关键要看你能不能正视嫉妒，并将其转化为自己的动力。与其让嫉妒啃噬自己的内心，不如将嫉妒之情升华，把嫉妒转化为动力，化消极为积极。

慧心智语

嫉妒是心灵的地狱，与其让嫉妒啃噬自己的内心，不如将嫉妒之情升华，把嫉妒转化为动力。

千般凡事不挂心

《嘉泰普灯录》中有一句诗说“千江有水千江月，万里无云万里天”，禅师们在讲悟道或者般若的部分时，常会引用这两句话。天上的月亮只有一个，照到地上的千万条江河，每条河里都有一个月亮的影子，就是“千江有水千江月”。万里晴空，如果没有一点云，整个天空，将处处都是无际的晴天，即“万里无云万里天”。

水是水，月是月。月光照耀下，水中有了月。只是水中的月不是月，只是水的幻象；月在水中，只是水的反射罢了。正如《金刚般若波罗蜜》中所说，千万人心中，千万尊佛。千万佛如同千江水月，万佛即是一佛。心无所求，心如止水，心佛相应，此心便是佛。

唐代朗州太守李翱非常向往药山惟严禅师的德行，一天，他特地亲自去参谒，恰巧遇到禅师在山边树下看经。虽知太守来，禅师仍无起迎之意，侍者在旁提示，禅师仍然专注于经卷上。

李太守看禅师这种不理睬的态度，忍不住怒声斥道：“见面不如闻名！”说完便拂袖欲去，惟严禅师冷冷说道：“太守何得贵耳贱目？”

短短一句话，李太守为之所动，乃转身拱手致歉，问：“如何是道？”

惟严禅师以手指上下说：“会吗？”

太守摇了摇头说：“不会。”

惟严说：“云在青天水在瓶！”

太守听了，欣然作礼，惟严随述偈曰：“练得身形似鹤形，千株松下两函经；我来问道无余说，云在青天水在瓶。”

李翱顿悟，下山后随即解甲归田，隐居山林。

惟严禅师形象地点出了修道的境界——“云在青天水在瓶”。天上的云在飘，水在瓶子里，摆在桌上，一个那么高远，一个那么浅近，这是一种自在的境界。天上的云，瓶里的水，它们有一个共同的特点，那就是拥有纯净的颜色。

而身处世界的人们，很多时候都失掉了云朵本来的纯净之色和清水本来的纯净。世界虽然是瑕疵，混有多种杂乱的颜色，但无论童颜之时，还是鹤发之龄，都应该保持一颗开阔无界的心。

修行达到了“云在青天水在瓶”的境界，人生的境界就开阔了。一花一世界，一叶一菩提。我们在岁月的枯荣中体会生命的短促、人世的无常，自然界一草一木的凋零与成长都是最直接的提醒，它教育我们，怀平常心看淡尘世喧嚣，也敦促我们，怀感恩心珍惜生命的一切馈赠。

睿智的人懂得手持一盏心灯行走于世。这盏灯如太阳，可以照破黑暗；如良田，可以滋养善根；如明镜，可以洞悉万象；如大海，可以容纳百川。灯光点亮人心，照亮远方的道路。

宋代禅僧茶陵郁曾有一首悟道诗：“我有明珠一颗，久被尘劳关锁。今朝尘世光生，照破山河万朵。”做一个宽心的人，点燃一炷心香，凡事不挂心，才能在人世间无碍行走。

慧心智语

做一个宽心的人，点燃一炷心香，凡事不挂心，才能在人世间无碍行走。

有豁达气量，而跳脱烦恼

一个人的眼界会随着心界的开阔而不断扩大，心界大，眼界才大。人的一生也是一个不断拓展眼界，不断提高成就的过程。胸襟博大者，为人处世常常抱持着宽容的人生态度；总是对别人吹毛求疵的人，往往不受欢迎。若要欣赏彩虹的美丽，就必须宽容雨点，若是雨点滴到身上便勃然大怒，又怎么能在彩虹出现的刹那拥有怡然自得的心情，观赏美丽的风景呢？

胸中装得进天下，方能为天下人所容。心胸豁达开朗的人，凡事看得高、看得远，不被眼前的利益所蒙蔽，容易有成就；心量狭隘自私的人，处处与人计较，琐碎小事就能扰乱他的心志，成功的可能性也就相对减少了。心量的大小，决定了一个人的人生道路。

有位信徒问无德禅师："同样一颗心，为什么心量有大小的分别呢？"

禅师并未直接回答，他对信徒说："请你将眼睛闭起来，默造一座城垣。"

于是，信徒闭目冥思，心中构想了一座城垣。

信徒说："城垣造完了。"

禅师说："请你再闭眼默造一根毫毛。"

信徒又照样在心中造了一根毫毛。

信徒说："毫毛造完了。"

禅师问："当你造城垣时，是只用你一个人的心去造？还是借用别人的心共同去造呢？"

信徒回答道："只用我一个人的心去造。"

禅师又问："当你造毫毛时，是用你全部的心去造？还是只用了一部分的心去造呢？"

信徒回答道："用全部的心去造。"

接着，禅师对信徒开示："你造一座大的城垣，只用一个心；造一根小的毫毛，还是用一个心，可见你的心能大能小啊！"

人心能大能小，关键在于自己如何取舍抉择。心量狭窄，看得不高，望得不远，事事诸多计较，就只能在狭窄的天地间打转；胸襟宽广，不为小事挂心，才能开拓出人生大道。

只有心胸无限扩大，眼界无限延伸，才能做到人与人之间、人与事之间或人与物之间的自在沟通交流。

登上高山时，在巍峨的山顶放眼望去，那种境界真是海阔天空，一下子就感觉到自身的渺小和烦恼的虚妄，身心似乎都被涤荡干净，心量也放宽了。可是一下山，便感觉自己又身陷尘世烦恼之中。所以，一个人需要经常跳出自己的生活圈子，跳出自己的视野，以宽广的心态审视原有的人生。否则，人生只会越来越

自私，越来越狭小；为人越来越计较，身心就会钻进牛角尖。

精神的提升，心胸的开阔，能使人生的境界扩大。我们应当时不时用登高的经验警醒自己：世界如此广阔，大可不必时时计较不休，为自己带来诸多无谓的烦恼。

慧心智语

胸襟宽广，看远一点，不被眼下的烦恼所役，才能开拓出人生大道。

以爱对恨

在人际交往中，得理不饶人的现象普遍存在。有些人一旦觉得自己有道理，就会揪住别人的过失穷追猛打，非逼对方举起白旗不可。可即使对方真的举起了白旗，心里也有了很多的怨气，而怨气多了，就需要发泄，这样就容易导致冤冤相报。因此，智慧的人大多具有一颗宽容的心，他们懂得得理也要让人，不会因为自己有理就咄咄逼人。

佛家提倡以爱对恨。在人与人的交往中，竞争不能阻止竞争，仇恨不能平息仇恨，以怨报怨只能使事情激化，导致更大的仇怨。但如果能做到忍之、耐之，以不争息争，以爱对恨，以德报怨，使人不能与之争，使人无法与之恨，就能很好地缓解人际关系的紧张和矛盾，进而使问题得以顺利解决。

唐开元年间有位梦窗禅师，德高望重，既是有名的禅师，又是当朝国师。

有一次他搭船渡河，渡船刚要离岸，这时远处来了一位骑马佩刀的大将军，大声喊道："等一等，等一等，载我过去！"

船上的人纷纷说道："船已开行，不能回头了，干脆让他等下一趟吧！"船夫也大声回答："请等下一趟吧！"将军非常失望，急得在水边团团转。这时坐在船头的梦窗禅师对船夫说道："船家，这船离岸还没有多远，你就行个方便，掉过船头载他过河吧！"船夫看到是一位气度不凡的出家人开口求情，就把船开了回去，让那位将军上了船。

将军上船以后便四处寻找座位，无奈座位已满。这时他看到了坐在船头的梦窗禅师，于是拿起鞭子就打，嘴里还粗野地骂道："老和尚，走开点，快把座位让给我！难道你没看见本将军上船吗？"没想到这一鞭子下去正好打在梦窗禅师的头上，鲜血顺着禅师的脸庞流了下来，禅师一言不发地把座位让给了那位蛮横的将军。

这一切众人都看在眼里，心里既害怕将军的蛮横，又为禅师的遭遇感到不平，纷纷窃窃私语："将军真是忘恩负义，禅师请求船夫回去载他，他还抢禅师的座位甚至打了他。"将军从大家的议论中明白了事情的经过，心里非常惭愧，不免心生悔意，但身为将军，他又拉不下脸面，不好意思认错。

不一会儿船到了对岸，大家都下了船。梦窗禅师默默地走到水边，慢慢地洗掉了脸上的血污。那位将军再也忍受不了良心的谴责，上前跪在禅师面前忏悔："禅师，我……真对不起！"梦窗禅师心平气和地对他说："不要紧，出门在外难免心情不好。"

有人说："以德报德是正常现象，以怨报怨是平常现象，以怨报德是反常现象，以德报怨是超常现象。"这种说法虽然有点玩笑意味，但道出了一个事实：为人处世要做到以德报怨并不容易。除非内心里真的有化解仇恨的力量，否则只会让心中不知不觉存积更多的怨。没有宽大的心胸，德行不深厚，就不能达到梦窗禅师的境界。

释迦牟尼说："以恨对恨，恨永远存在；以爱对恨，恨自然消失。"所谓"冤冤相报何时了"，宽容才能化解世间的仇恨。人如果没有宽容之心，生命就会被无休止的报复和仇恨所支配。宽容是让我们获得心灵平静的法宝，也是做人的需要。

古语常说："知错能改，善莫大焉。"既然如此，面对一个人犯下的错误，为何不能持宽容之心，而非要耿耿于怀呢？宽容他人，不是要接受他做的错事，宽容他，是卸下心里的包袱不再与他计较得失。唯有如此，才可以轻松地过自己的生活。

慧心智语

以恨对恨，恨永远存在；以爱对恨，恨自然消失。

【第三章】

平生多讲人好，凡事多留情面

幸运，总是垂青于勇敢的人；福报，总是降临于厚道的人。心存厚道，便是多讲人好，多留情面。目中有人，得到的助缘就多，口中有德，得到的福报也多。不说是非为厚道，以言语讥人，取祸之大端；以度量容人，集福之要术。人生真正的智慧是宽厚，世间最能打动人心的，正是一颗宽厚之心。

厚道人有厚道福

“但求世上人无病，何妨架上药生尘。”在以前的药铺里常常可以看到这样一副对联，其中包含的悲天悯人、宽厚无私的情怀很让人感动。

佛家有云：“世人无数，可分三品：时常损人利己者，心灵落满灰尘，眼中多有丑恶，此乃人中下品；偶尔损人利己，心灵稍有微尘，恰似白璧微瑕，不掩其辉，此乃人中中品；终生不损人利己者，心如明镜，纯净洁白，为世人所敬，此乃人中上品。人心本是水晶之体，容不得半点尘埃。”人世间最宝贵的不是金银财宝，也不是名声权力，而是拥有一颗宽厚无私、品行高尚的心灵，那是纵有千金也不能买到的稀世珍品，那是做一个人中上品所必需的。

纷纭世间，人人为利来，为利往，人心在利益的驱使下，很容易变得狡猾奸诈。但世上最能够打动人的是一颗宽厚无私的善良之心。宽厚就是以诚待人、大度宽容，就是谦逊厚道、为人造福。厚道的人懂得以宽厚对待他人，懂得以心换心，甚至不惜损己利人。

这种宽厚的品质在佛陀身上体现得尤为明显：

传说佛陀曾经现身为象王，长有六颗象牙。

有一次，一个猎人见到象王，顿时对那六颗象牙起了贪念，于是张弓搭箭，向象王射去。象王中箭之后，四周的象群闻声赶来。象王见状，立刻用长长的鼻子护住猎人，不让象群伤害他。象群一阵骚动，对象王出人意料的举动表示不解。

象王对群象说："我发心行菩萨道，就要有透彻的大爱；即使受到伤害，也要以宽大的心量来包容，怎能对人起嗔心呢？"

说完，象王问猎人为什么要用箭射它。

猎人说："因为我想要你的象牙。"

象王听完这句话后，立刻在石头上将六颗象牙撞断，然后尽数送给猎人。

猎人顿时被象王的宽厚打动，受到感化，从此不再打猎。不仅如此，他还以自己的亲身经历说服了其他的猎人，与他们一起保护山林中的象群。

佛陀化身的象王为了猎人的私欲，不惜自断象牙，这种牺牲自己成全别人的行为超越了宽厚的境界，这是佛家的大爱。象王并没有白白付出，它用自己的宽厚感化了猎人，最终也保护了整个象群。以厚道之心待人，尽管可能会有所牺牲，但最后必将得到回报。

生活中，我们常常听人说"这个人福气好"，"这人有厚福"，有些人一眼看上去就很有福相。古人说"相由心生"，一个以厚道之心待人处世的人，往往面有福相；一个心胸狭窄的人，面相上也会福薄。我们都羡慕有福气的人，却不知厚福并不是天生的，而是因厚道所得的福分。

宽厚是一种净化。手捧着鲜花送给别人时，最先闻到香味的是我们自己，与“送人玫瑰，手留余香”是一个道理；如果抓起泥巴扔向别人，那么首先被弄脏的也是我们自己的手。拥有一颗宽厚无私和善良的心，不仅能够化解本来的怨恨、冤仇，还能让生命中时时充满温暖和爱。

所谓“厚福者必宽厚，宽厚则福益厚”，一个宽容厚道的人，在人际交往中能与人结缘，在事业上更能得道多助。要知道，厚道才能成事，才能积累厚福。

慧心智语

厚福并不是天生的，而是因厚道所得的福分。

留三分，让三分

在待人接物时要时刻自谦，懂得退让。在生活和工作中，人们会遇到各种各样的人，要与各种各样的人相交相处。在与人交往的过程中，难免会出现磕磕碰碰，产生各种各样的问题。有人说：“只要有人的地方，就会有争斗。”若想与他人和平相处，就要懂得适时退让。在原则范围内，偶尔的吃亏，偶尔的退让，既是一种包容的胸怀，也是一种友好的讯号。若太过计较，那双方都将陷入泥潭而难以挣脱。

人非圣贤，孰能无过？每个人在遇到窘困时都希望得到他人的谅解，希望对方不咄咄逼人；同理，在他人遇窘时，我们也应该得饶人处且饶人。因为生活不是平坦大道，处世应如古人云：“径行窄处，留一步与人行；滋味浓时，减三分让人尝。”这说的就是为人处世要懂得给他人留有余地。

慈航法师身相圆满，有个如同弥勒佛一般的大肚子。慈航法师说，他的肚子之所以大有一段因缘：

原来，慈航法师曾经是个瘦小的人。有一次他上厕所时忘记带手纸，正好茶房头也在旁边如厕，慈航法师便向他借手纸。这位茶房头却将用过的手纸递给了法师，弄得法师满手污秽。

有一天慈航法师搬房间，茶房头来帮忙时顺手拿走了他的60个银元，但慈航法师没有揭穿他。因为他明白，人的名誉一旦坏了，再建立就很难了。在茶房头走时，慈航法师又给了茶房头15个银元。后来，寺里的人见茶房头一下富了起来，便开始起疑，茶房头推说是慈航法师送他的银元，慈航法师只是沉默。

“从此以后，”慈航法师说，“我的肚子就大起来了，这大大的肚子代表了我的福气。”

无论茶房头最终如何，但慈航法师给了他回头的机会。在佛家看来，“怨亲平等”，给他人留一条路，自己也就有了余地。人生有相逢，但心无隔宿之仇，在人际交往中结怨不如结缘。这是佛家的智慧，也是中国人处理人际关系、整合社会资源的一个独特方式。要知道，给他人留路，既是对别人的尊重，也能让自己得到善果。

只有当一个人懂得为他人留余地的时候，他的人际关系才会更加和谐，充满温情。假如能做到遇事往好处想，多感念别人的恩德，即使被人冒犯也不计较，那么别人自然会被我们的诚意感动，进而回报以真诚；假如遇事总往坏处想，以敌视的眼光看待别人，即使别人无意冒犯也耿耿于怀，甚至伺机进行报复，那么，即使别人本无敌意，最终也会被我们的狭隘心推到对立面上。

在为人处世中，留三分余地给别人，就是留三分余地给自己。人与人的交往是缘分，不必计较太多，也不必苛求对方尽善尽美，多一些宽容和体谅，得饶人处且饶人，那么，彼此之间一切的不愉快都会迎刃而解。

慧心智语

径行窄处，留一步与人行；滋味浓时，减三分让人尝。

春风化雨般待人

生活中，如果希望别人怎样对待我们，我们就先要怎样对待别人，这是个简单的、永恒的真理。

佛法十分强调与人为善，这是一种莫大的智慧，唯拥有善待别人的宽厚之心，别人才会以同样的善意回报我们。

有句话说得好："幸福并不取决于你拥有的财富、权力和容貌，而取决于你和周围人的关系。"因此，在与他人相处的时候，我们一定要懂得善待他人。人际关系和谐与否，对我们每个人的生活、工作乃至成长进步都有着重要影响。宽容、友好的人际关系，如春风化雨，令人愉悦。而敌视、冷漠的人际关系则如同阴霾密布的寒冬，使人压抑，甚至不寒而栗。

一个人若不懂得与人为善，为人傲慢，不尊重身边的人，就必然会与他人起冲突。

德高望重的悟缘禅师有一位朋友是知名画师。有一天这位画师朋友来到寺里找悟缘禅师，聊天中悟缘禅师了解到，画师收了一名徒弟，却不把这位初学作画的学生看在眼里，指导作画时也漫不经心。终有一天，徒弟被画师的行为惹怒，与画师发生了冲突。画师心中不快，所以来找禅师解闷。

悟缘禅师没有多说什么，只是问："你是学画之人，我想请教你一个问题。"

"禅师请说。"

"你站在山上画一个山下的人和你站在山下画一个山上的人，哪个大，哪个小？"

画师想了想说："自然是一样大小。"

禅师点点头，只说"这便是了"，便不再言语。

画师不懂，但见禅师没有继续深谈的意思，也只好作罢。

几年过去了，有一天，这位画师拿了一幅画来找禅师，画上画的是山上山下两个人在对话。禅师看了以后说："你明白了？"

画师说："明白了。我那徒弟在我那次来找你之后便离开了。这几年他功成名就，小有名气，这画便是他画的。"

在山上看山下的人，与在山下看山上的人都是一样的大小。悟缘禅师的话机锋尽显，意在告诉画师，人生而平等，我们如何看他人，他人便如何看我们。只有与人为善，才能得到别人的尊重，因此，善待他人便是善待自己。这是我们在人生中必须遵守的一条基本准则。

当今社会中，人与人之间有着密切的互动关系，只有我们首先善待别人、善意地帮助别人，才能处理好复杂的人际关系，从而获得与他人的愉快合作。然而，在人际交往中，难免会因为各个方面的差异而产生一些摩擦，摩擦一旦生热，便会产生火花。这火花会演变成熊熊大火，还是会瞬间熄灭，就看我们是否拥有一颗善待他人的心。

与他人真诚交往，不是强颜欢笑、虚情假意地与对方寒暄，也不是面无表情、横眉冷对地冷言冷语，而是把自己的心拿出来，发自内心地与他人交流沟通，打心底善意地接受他人，用一颗厚道的心，真诚面对他人。

善待他人，可以从微笑开始，微笑是人与人之间理解的纽带，它能化解一切冷漠与误会。善待他人，可以从善待身边的人开始，认识的、不认识的，熟悉的、陌生的，有过节的、莫逆之交……

慧心智语

人的尊严生而平等，我们如何看他人，他人便如何看我们。

【第四章】

难行能行，难忍能忍

忍耐是天地间最宽大的包容能量，无我是宇宙中最伟大的和平动力。任难任之事，要不吝出力而无气；处难处之人，要心知肚明而无言；行难行之道，要满怀自信而无惧；忍难忍之苦，要耐心有容而无怨。容人不是处，自无纷争；忍己难过处，自无怨言。

空出才能拥有

在禅宗的观念中，空与有并非两个完全对立的概念，宇宙万有，因为虚空含纳包容，所以能拥有日月星河的环绕；因为高山不择砂石草木，所以能成其崇峻伟大。佛陀的心就包容了一切天地、众生、虚空，他不但爱亲朋，而且爱仇敌，甚至爱背叛他、谋害他的提婆达多。

俗话说，海纳百川，很多人将“大海”作为浩瀚胸襟的代名词，而人的心却是大海与高山都不能比的。人心扩大时，能扩大到如同虚空一般，将宇宙万物都容纳进去。然而，人心褊狭时，也能狭窄到连自己都容不下。

人世间的是非、善恶、有无、好坏、荣枯、人我、福祸、美丑等，都来源于人心的褊狭知见，不破除这些分别之心，就体会不到佛陀心包太虚的胸怀。佛陀的心就像虚空一样，虚空中有山有水，有花有树，有日有月，虚空中充满一切，也容纳了一切。所以，把心腾空，才可以包容万物，才能“听”到只手之声，达到无声之声的境地。

默雷禅师有个叫东阳的小徒弟。

这位小徒弟看到师兄们每天早晚都到大师的房中请求参禅开示，师父给他们公案，于是他也请求师父指点。

禅师说："等等吧，你的年纪太小了。"但东阳坚持要参禅，禅师也就同意了。

到了晚上参禅的时候，东阳恭恭敬敬地磕了三个头，然后在师父旁边坐下。

"你可以听到两只手掌相击的声音，"默雷微微含笑着说道，"现在，你去听一只手的声音。"

东阳鞠了一躬，返回寝室后，专心致志地用心参究这个公案。

一阵轻妙的音乐从窗口飘入。"啊，有了，"他叫道，"我会了！"

第二天早晨，当默雷要他举示只手之声时，他便演奏了头天晚上听到的那种音乐。

"不是，不是，"默雷说道，"那并不是只手之声，只手之声你根本就没有听到。"

东阳心想，那种音乐也许会被打岔。因此，他把住处搬到了一个僻静的地方。

这里万籁俱寂，什么也听不见。"什么是只手之声呢？"思量间，他忽然听到了滴水的声音。"我终于明白什么是只手之声了。"东阳在心里说道。

于是他再度来到师父面前，模拟了滴水之声。

“那是滴水之声，但不是只手之声。再参！”

东阳继续打坐，谛听只手之声，毫无所得。

他听到风的鸣声，被否定了；他又听到猫头鹰的叫声，也被驳回了。只手之声也不是蝉鸣声、叶落声……

东阳往默雷禅师那里一连跑了十多次，每次各以一种不同的声音提出应对，但都未获得认可。到底什么是只手之声呢？他想了近一年的时间，始终找不出答案。

最后，东阳终于进入了真正的禅定而超越了一切声音。他后来谈到自己的体会时说：“我再也不东想西想了，因此，我终于达到了无声之声的境地。”

东阳最终“听”到了只手之声。

仔细去“聆听”那只手之声，人就踏上了心灵的解脱之旅，心感受到的万物之丰富便会远远超过自己视线范围之内的一切。内心丰富，亦可呈现一种空无的状态，东阳在无声之声的境地中进入了真正的禅定，从“空无”中体会到了“富有”。

星云大师说：“空才能容万物，茶杯空了才能装茶，口袋空了才能放得下钱。鼻子、耳朵、口腔、五脏六腑空了，才能存活，不空就不能健康地生活了。就像两个人相对交谈，也需要一个空间，才能进行。所以，空是很有用的。”

与其被满满的外物所累，不如索性全部放下，“倾听”那无比奇妙的只手之声，获得心灵的自由和解脱，领略空的境界，领略包容一切的智慧。

慧心智语

人心扩大时，能扩大到如同虚空一般，将宇宙万物都容纳进去。

退的智慧

佛家说："苦海无边，回头是岸。"人往往只看见眼睛前面的世界，而看不到后面的世界。眼前的世界只是人生的一半，回头，可以成就我们人生的另一半；退一步，可以让我们的人生达到完满。有时候，回头看到的世界，比前面的世界更宽广。

回头看一看自己的人生，才知道自己在这条路上留下了怎样的足迹，并以此校准前进的脚步；遇到绝路时，尝试退一步，休养生息，储存能量，才能更好地重新出发。

表面看来，后退是认输，是失去，实际上很多时候，退步反倒让人前进，是一种低调的积蓄。

一位学僧斋饭之余无事可做，便在禅院的石桌上作起画来。画中龙争虎斗，好不威风，只见龙从云端盘旋而下，虎踞山头作势欲扑。但学僧描来抹去几番修改，却仍觉得气势有余而动态不足。

正好无德禅师从外面回来，见到学僧执笔前思后想，几个弟子围在旁边指指点点，于是走上前去观看。学僧看到无德禅师前来，就请禅师点评。

禅师看后说道："龙和虎外形不错，但其秉性表现不足。要知道，龙在攻击之前，头必向后退缩；虎要上前扑时，头必向下压低。龙头向后曲度愈大，冲击的速度就愈快；虎头离地面越近，跳的高度就越高。"

学僧听后非常佩服禅师的见解，于是说："禅师真是慧眼独具，我把龙头画得太靠前，虎头也抬得太高，怪不得总觉得动态不足。"

无德禅师借机开示："为人处世，如同参禅的道理。退后一步，才能冲得更远；谦卑反省，才会爬得更高。"

另外一位学僧有些不解，问道："退步的人怎么可能向前？谦卑的人怎么可能爬得更高？"

无德禅师严肃地说："你们且听我的诗偈：手把青秧插满田，低头便见水中天；身心清净方为道，退步原来是向前。你们听懂了吗？"

学僧们听后，点头，似有所悟。

进是前，退亦是前，何处不是前？无德禅师以插秧为喻，向弟子们揭示了进退之间并没有本质的区别。做人应该像水一样，能屈能伸，既能在万丈崖壁上挥毫泼墨，好似银河落九天；又能在幽静山林中蜿蜒流淌，自在清泉石上流。

我们在遇到困难时会暗想：这条路真难走，这种日子再也过不下去了。那为什么不退后一步呢？也许只要退后一步，就会在沙漠中看见属于你的绿洲；也许退后一步，你就能在生命的大海中发现属于自己的小岛。当你觉得山穷水尽的时候，退后一步，也许你就会觉得海阔天空；在心灰意冷的时候，转念一想，你说不定会发现原来一切正在悄悄转好。

在没有路的地方后退一步，并不意味着退缩，而是为了包容整条路上的苦难和美好，更坚定地走下去。

慧心智语

回过头，可以成就我们人生的另一半；退一步，可以让我们的人生达到完满。

抬手放过他人的过错

但凡真正的大人物，都有相对广阔的胸襟；斤斤计较之辈，则难有太大的出息。佛家劝诫人们要以包容的心态看待他人，看待世界。包容，不只是一种思想，更是一种本质，是每个人都具有的一种无限广阔的“空性”本质。宽恕别人，就是给别人改过的机会，也给了自己更广阔的空间。

佛陀告诉我们：“如果一个人的快乐希望从别人身上来获得，那会比一个乞丐沿门托钵还痛苦。”真正的快乐由宽恕别人而来，宽恕可以升华自己的本源，懂得宽恕别人的人，自己也会得到真正的快乐。

犯错是平凡，而宽恕是一种超凡。宽恕不仅仅是减轻对方的痛苦，更是在减轻自己的痛苦。假如我们对别人的行为不满意，那么痛苦的不是别人，而是自己。不懂得谅解他人的人，往往也不能善待自己；懂得善待自己，也能够谅解他人。

一位将军设下一桌素食宴请当地一名得道的高僧，想和他探讨人生。

高僧带着自己的徒弟前来赴宴，餐桌上摆满了美味的素肴，但是，在开席期间，高僧的小徒弟发现有一盘菜里面竟然藏了一块肥肉。

他拿起筷子，故意把肥肉翻到菜的上面，想引起将军的注意，但高僧不动声色地把肉又藏回碗底。小徒弟糊涂了，没有弄明白师父的意图。

过了一会儿，小徒弟又把肉翻了出来，高僧见状，再次巧妙地遮盖住了肉。两人一翻一遮反复了好几次，高僧见弟子还是不懂他的意思，便凑到他的耳边，轻声说道：“要还顾及师徒情分，就不要再把肉翻出来了。”

小徒弟听了这话，自然不敢再去翻那块肉，整个宴席也就相安无事地结束了。

在回去的途中，小徒弟壮起胆子问高僧：“师父，为什么你不让我把肉翻出来让将军看到呢？他明明知道我们只吃素，却藏了一块肥肉在其中。那个厨师肯定是故意的，就算不是故意的，他也犯错了，应该让将军处罚他。”

高僧说：“只是一块肉而已，要是刚才将军真的看到了，万一他一怒之下杀了厨师，或者是给了他别的处罚，我们岂不是这造孽的根源。我跟你说过，修行要以慈悲为怀。没有人是完美的，再厉害的人也会有犯错的时候，何况是个小小的厨师。不论他是有意还是无意，我们要做的不是让事情变得更坏，而是尽量让事情变得更好！”

高僧对厨师过错的宽恕，体现了这样一个道理：宽恕虽然无法改变过去，却能改变未来。人总是难免有一些小毛病，可能还会犯点小错误，这都很正常。因此，宽容地对待他人，是每个人应具备的美德。没有哪个人愿意与斤斤计较、小肚鸡肠、犯一点小错就抓住不放，甚至不断打击报复的人交往。

尽可能原谅他人不经意间的冒犯，这是一种重要的生活智慧。能原谅他人的冒犯，那些无关大局之事，没必要锱铢必较，不如能忍则忍，能让则让。

真正懂得宽容的人，能够避免争端，也能够安抚他人的心灵。宽恕他人，不能改变既定的事实，也不能改变已经造成的伤害，但是可以避免冲突和矛盾，造就平和安宁、人人和谐相处的未来。而造就这种未来，只需要一点小小的忍耐，只需要轻轻抬手放过他人的过错，甚至只需要沉默不语。

慧心智语

尽可能原谅他人不经意间的冒犯，这是一种重要的生活智慧。

在仇恨处施与谅解

得饶人处且饶人是一种包容博大的胸怀，一种不拘小节的潇洒，一种伟大的仁慈。从古至今，包容始终被圣贤乃至平民百姓尊奉为做人的准则和信念，成为中华民族传统美德的一部分，并且被视为育人律己的一条金科玉律。

包容他人，就是要在仇恨处施与宽恕的谅解，不让仇恨的种子生根发芽。仇恨的情绪如同充足气的皮球，我们用多大的力气踢它，它就会用多大的力量“回赠”我们。这种仇恨的情绪一旦被“遗传”、“继承”，就会演变出更加可怕的破坏力。在心中怀恨、存报复心的同时，我们的身心也同样会被这仇恨折磨。

一念恨心，不是种子，而是一束火把，焚烧了敌人，也焚烧了自己的心。

佛陀时代，有一天，一个商人在路上不小心被牛触死了，牛的主人怕留下这头恶牛，以后将带给他更多的麻烦，因此就贱价将牛出售。

当牛的新主人牵着牛回家，走到半途中，来到一河边，想给牛饮水，哪知牛不但不饮水，反而突然凶性大发，又把新主人给抵死了。新牛主的家人知道后不禁勃然大怒，立刻将这头牛杀死，然后挑到市场贩卖。

有一个农夫贪便宜，买下了牛头。他用绳子系着牛角担回家，半途中，因天气炎热，就将牛头挂在树枝上，然后坐在树底下休息。哪知正休息时，系牛头的绳子不知何故突然断裂，牛头从树枝上掉落，刚好打在农夫的头上，可怜的农夫当场被打得伤重而死。

一头牛，在一天之中，竟然害死三个人，这件不寻常的事惹得大家不禁纷纷议论着。后来消息也传到了频婆娑罗王耳中，他也觉得不可思议，想其中必有缘故，因此亲自前往请教佛陀。

佛陀解释说，在过去有三个商人，相约到外地做生意，为省钱不住旅馆，特地到一个老妇人家借住，本来双方约定要付老妇人租金，但到了第二天，这三个商人趁着老妇人外出时竟偷偷溜走了，老妇人回来后发觉了，非常愤怒，就追上去要向他们索取租金。

三个商人因担负着沉重的行李，所以在不远的地方就被老妇人给追上了，可是这三个商人以为她年老可欺，不仅赖账不还，还用恶言恶语侮辱她，老妇人对他们无可奈何，只得愤恨地对他们说：

“你们这些无赖汉，欺负我年老孤单，你们以后一定会有报应的，今生我虽然奈何不了你们，等来生无论是否为人，我一定要报复，以泄我心头的愤恨！”

佛陀继续说道：“那头凶牛，就是这老妇人的后世，而同日被牛抵死的三个人，就是欺负老妇人的那三个商人！”

仇恨是多么可怕，三个商人的所作所为固然可恶，但还不至于遭受杀身之祸的报应，而老妇人可怕的怨恨心就像个毒咒，不止将那三人拖进了地狱，也将自己带进了因果报应的罗网。

能将包容之心给予敌对方，就可以称得上圣洁，也完全担得起“伟大”两个字。既然冤冤相报既伤人又害己，我们何不将“冤冤相报何时了”的双输，变成“相逢一笑泯恩仇”的双赢呢？

一个心中常想报复的人，其实自己活得也并不快乐，因为他的精力几乎全用在想怎样报复这种不愉快的事上了，而且就算达到目的，他也会纠缠于失落与悔恨的情感中。

人生最大的修养便是待人宽厚，不论别人对自己好或不好，都能谅解他人，都能包容他人。能够做到以德报怨，自然可以化敌为友，化干戈为玉帛。屈敌之兵不如化敌为友，多一个朋友总好过多一个敌人。

慧心智语

“冤冤相报何时了”是双输，“相逢一笑泯恩仇”才是双赢。

路留一步，让对方先行

人如果能从“忍”字做起，便不用担心没有成就，古今英雄豪杰大都能忍能让，而做出了很多惊天动地的事业。“大度能忍，方为智者本色。”在人际交往中，如果没有海纳百川的容人肚量，就很难容忍别人的缺点及对自己某些利益的损害。若是对于这些问题处理不当，就会对自己造成许多损失，轻则失去朋友，重则成为众矢之的，让自己陷入孤立无援的境地之中。

能够容忍别人的过失，以宽容为怀，是一个人非常优秀的品质。宽容能帮助人们减少仇恨、暴力和偏见。

《维摩诘经》载，有一户人家非常好客，凡是有朋友来访，主人总是准备美味可口的饭菜，热情地招待客人，直到喝得酩酊大醉，宾主尽欢才罢休。

一天，一位久未谋面的老友来访，主人喜出望外，热情地烹制菜肴，却忽然发现酱油没了，急忙唤小儿子去买。“爸爸，你放心！一切都包在我身上！”小儿子拍拍胸脯走了。主人安心地折回厨房，20分钟过去了，儿子还没有回来，他想，也许是杂货店的老板生意忙不过来，再耐心地等一会儿就好了。但是一个小时，甚至是两个小时都过去了，儿子还是杳无踪影，客人饿得饥肠辘辘，主人也急得如同热锅上的蚂蚁，猜想儿子也许在路上出了意外。

最后，主人终于按捺不住，出门去寻找儿子。他焦急地向街口奔跑而去，找了一遍没有，从另外一条路返回，却忽然发现儿子正站在一座桥的中央，和另外一个孩子青眼对着白眼，彼此对峙着，谁也不让谁，儿子的手中正拎着一瓶酱油。主人十分生气，上去对着儿子就是一顿大喊：“你还愣在这里干什么呢？知道不知道家里正等着你的酱油下锅啊！”儿子动也不动，嘴上说着：“爸爸，我买好了酱油，正要赶回家，没想到在桥上碰到这个人，挡住我的去路，说什么都不让我过桥！”儿子的口气中虽有委屈，但更理直气壮。

主人似乎被激怒了，说：“喂！你这个小孩子，怎么如此不讲理呢？居然挡住我儿子的路，赶快让开啊！”

“奇怪了不是？不知道是谁挡住了谁的去路！你走你的阳关道，我过我的独木桥！咱们本来就该谁也不犯谁的！明明是你儿子挡住了我的路，我碍你们什么了？”那个孩子也毫不示弱地抢白着。

气急败坏的主人指着对方的鼻子开骂：“你这个小东西！一点也不知道尊老爱幼，礼貌谦让！儿子，酱油你先带回去，让爸爸在桥上跟他对着站！”说完，自己一个箭步冲上桥面，一老一小就站在上面僵持起来。

在两个人同时通过羊肠小道时，如果争先恐后，两人都有坠入深谷的危险，先停住脚步让对方过去，自己才能安全地通过；遇到美味可口的饭菜时，要留出三分让给别人吃。路留一步，味留三分，是一种谨慎的利世济人的方式。在生活中，除了原则问题须坚持外，对小事、个人利益要互相谦让，如此才会使彼此身心愉快。

世间的纷争，大部分都是不值得一提的是非利害之争，忍一时风平浪静，退一步海阔天空。《菜根谭》中说：“石火光中，争长竞短，几何光阴？蜗牛角上，较雌论雄，许大世界？”意思是，在电光石火般短暂的人生中较量长短，又能争到多少光阴？在蜗牛触角般狭小的空间里你争我夺，又能夺到多大的世界呢？其实当双方处于对垒关系时，一方表现出适度的宽

容与谦让，往往会收到意想不到的效果。

有时，在生活中遇到不顺或令人烦恼的事情时，不要急着发怒，忍一时之气，三思而行，才不会做出冲动之事，使自己抱憾终生。

当我们行走在曲折艰难的生活之路上，和别人在独木桥上狭路相逢时，不要争一时之勇。从桥上退回，让对方先行，给别人便利，才是让自己获得幸福的最快方式。

人在世间若是不能忍受一点闲气，不肯给人方便，让人一步，就往往使自己到处碰壁，遭逢阻碍。平常在语言上让人一句，在事情上留有余地，也许收获会更大。为“对面的人让路”，就是在给自己的未来让路。

慧心智语

让对方先行，给别人便利，是让自己获得幸福的最快方式。

【第五章】

将心比心做人，在因缘中干好分内事

不妄求是知足的生命，不投机是本分的性格，不计谋是诚实地做人，不自私是净化的身心。待人应似春风，处世须像夏莲，律己宜带秋气，利他犹如冬阳。以己心度他心，是为人的根本。在与人交往的过程中，应时刻牢记：我们怎样对待世界，世界就会怎样对待我们。

遇怒缓一缓，不迁怒于人

不迁怒，说起来简单，做起来却很难，需要有极高的修养。我们常常看到“迁怒”的现象，有的时候明明是自己在外边受了气，却把心中的不快发泄在亲人身上；有的时候心情不好，控制不住内心的火，就乱发脾气，惹得大家的关系都很紧张；有时，甚至因为自己内心的不满便对社会和他人采取报复的手段。

能够做到不迁怒，是道德完善的一个重要标志。在遇到问题的时候，不迁怒于人，是做人最重要的涵养之一。不能控制自己的脾气，小则使人际关系紧张，大则导致事情失败。佛家说，人生的大病，就是时时刻刻盘踞在心中的贪、嗔、痴。

嗔是人生的大病，是心底的毒。之所以会迁怒于人，就是因为控制不住心里的怒气。

有一个妇人，特别喜欢为一些小事生气，她觉得自己这样不好，所以去求一位高僧为自己开示。

高僧听了之后，沉默不语，只把她带到一座禅房中，锁上门便离开了。

妇人气得破口大骂，骂了半天，高僧也不理会。妇人于是开始恳求，高僧仍不理她。最后，妇人终于沉默下来。

高僧在门外问："还生气吗？"

妇人说："我生我自己的气，气自己为什么到这里来受罪。"

高僧说："连自己都不原谅，又如何能做到心如止水？"

过了一会儿，高僧又问："还生气吗？"

妇人说："不生气了。"

"为什么不生气了？"

"因为气也没用。"

高僧说："你的气还没有消退，只是压在了心底。"

当高僧第三次问她时，妇人答："我不生气了，因为不值得气。"

高僧微笑道："还在衡量值不值得，说明心中还有气根。"

妇人问："大师，什么是气？"

高僧将手中的茶水倾洒于地。

妇人盯着地上的茶水看了许久，终于领悟。

什么是气？气就如同倾洒于地上的茶水，泼出去便收不回来。有时我们对某人生气，并不是因为讨厌这个人，而是因为从其他地方受了委屈，于是迁怒于他。当我们对人发怒时，这股怒气在人际关系和人情上造成的伤害常常是无法弥补的。

易怒的脾性并不是天生的，而来源于对人对事的“不爱”。与人有怨仇，所以不爱；别人做事不能如自己的意，所以不爱；爱自己胜过爱别人，所以容易对他人起嗔怒。有时候，不懂得嗔由心生的道理，而将自己脾气的暴躁归于天性，这也是一种迁怒。

学僧请教禅师：“我脾气暴躁、气短心急，以前参禅时师父曾经屡次批评我，我也知道这是出家人的大忌，很想改掉。但这是我天生的毛病，已成为习气，根本无法控制，所以始终没有办法纠正。请问禅师，您有什么办法能帮我改正这个缺点吗？”

禅师非常认真地回答道：“好，把你心急的习气拿出来，我一定能够帮你改正。”

学僧说：“现在我没有事情，不会心急，遇到事情它就会自然跑出来。”

禅师微微一笑，说：“你看，你的心急有时候存在，有时候不存在，这哪里是习性，更不是天性。它本来没有，是因事而生、因境而发的；你无法控制自己，还把责任推到父母身上，你不认为自己太不孝了吗？父母给你的，只有佛心，没有其他。”

学僧听完后，若有所悟，惭愧而退。

佛陀说：“嗔为毒之根，能灭一切善。”当一个人嗔心一起，所有的善念就都会被遮盖，还会迁怒于身边的一些人和物。

迁怒一般都有一个规律，即迁怒于弱者，迁怒于物，迁怒于对自己没有巨大威胁的对象，以此来寻求所谓的平衡，这其实是一种阴暗的心理。

迁怒是一种掠夺，情感的掠夺。迁怒者往往只注重自己的感受，而不顾忌被迁怒者能否接受。我们每个人都可能曾是被迁怒的对象，而同时又是迁怒者。

在嗔心生起之前，在发怒之前，应当先给自己一个缓冲的时间，多为他人考虑一下，要知道难以解决的问题靠生气是解决不了的。生气只会伤害他人，让事情变得更加严重。每个人都不希望承受别人的怒气，既然如此，我们也不应该对他人倾倒怒气。

慧心智语

迁怒是一种掠夺，情感的掠夺。在遇到问题时，不迁怒于人，是做人最重要的涵养之一。

多要求自己，少苛求他人

佛家认为，重的错失是烦恼，轻的过失叫习气。譬如，有的人上台讲话，习惯低着头自顾自地讲，不看下面的人，这就是习气；喜欢吃什么东西，喜欢买什么东西，也叫习气。传说大菩萨已经到达等觉位，却不成佛，因为他要“留惑润生”，即留一点习气，好让众生亲近。

这些都只是无伤大雅的习气，也就是小过，人最大的恶习是不自知。不自知，便不能知人，或者在知人的过程中出现偏差，一切不好的习气都来源于不自知。有一种说法叫“烦恼易断，习气难改”，就是说不好的习气是不容易更改的。我们经常对别人要求很高，对自己却要求很低，所以总是指责他人而轻易原谅自己，也就是所谓的“严于律人，宽以待己”，这就是一种难改的习气。

《大乘要语》中说：“习气不离心。”这句话的意思是说应当对自身的习气有所自觉，在指责他人之前，应该先看清自己的心，自己的毛病。

金陵有一位法灯禅师，他性情洒脱，为人豪放不羁，不受世俗的羁绊。其他人不满于他的无所事事，总是对他有成见，然而法眼禅师非常器重法灯禅师。

一天，法眼禅师问了众人一个问题：“你们之中有谁能够把系在老虎脖子上的铜铃解下来呢？”

众人面面相觑，谁也没有吱声。法灯禅师坐在角落里，眼睛眯着，俨然一副已经睡去的样子。旁边的僧人不满地推了推他，他睁开眼睛，看到法眼禅师正面带微笑地看着自己，便开口说道：“我们怎么能解下来呢？谁系上去的谁才能解下来啊！”

法眼禅师点头称赞他回答得妙，并在事后对众人说：“心铃是自己系上去的，所以也只有自己解得开；法灯早已解下了自己的心铃，而你们的却还挂在那里，所以你们不能小看他。”

我们自己就是心铃的系铃人和解铃人，而法灯已解下了自己

的心铃。解铃还须系铃人，那些嘲笑法灯的僧人不明白这个道理，抛不开心头的成见，眼睛只看见他人的坏处，却看不见自己已经被自己系的心铃所束缚。僧人们正是因为没有留一双心眼观照自己，所以心中有铃而不自知，也不知道只有自己才能还自己自由。

这就是习气难改的道理。然而，难改并不等于不能改。许多人认识到了自身的习气，却期望依赖他人的规劝和教诫来改变。殊不知，他人的帮助只是外力，只有自己勇于认错，决心改过，内心具备恒心和毅力，时时砥砺自我，才能彻底改变自身的恶习。

很多人都认为自己身处的世界是个不平等、不公平的世界，确实，世间的事很难平等，但最重要的是在心理上建立平等的观念。不仅对别人一视同仁，更要把自己和别人放在一起观照，对自己要求多一点，对他人包容多一点，彼此尊重，人我同等，相互接纳，才能和平相处，共享安乐。

多自我反省、自我忍耐、自我批评，眼睛多看自己，少看别人，才能在看到他人的缺点之前，先看到自己的缺点，这样就能在对人对事时少一分不平之气，多一分平和之心。

慧心智语

应当对自身的习气有所自觉，在指责他人之前，应该先看清自己的心，自己的毛病。

不以自己的标准度量他人

佛道求真性，尊重人的自性与本性。佛重视发展人的自身潜能，主张自修自悟。同样，佛家也主张推己及人，因为事物的好坏与善恶本没有绝对的标准，所谓的是非正解由各人心中所得。每个人自以为的正解未必就是他人心中的标准答案，所以，不要将自己的标准强加于他人头上。

不将自己的标准强加于人是同理心的表现。每个人所处的环境不同，对事物的判断与处世的标准就会不同，于是，不同的人对同一件事情的看法便会产生差异。懂得了这个道理，就能够在表达自己意见的同时允许有不同的意见存在。

一个屠夫的妻子因病去世了，他请一个禅师到家里来为亡妻诵经超度。做完法事后，屠夫问禅师："这一次法事，我的妻子能得到多少利益呢？"

禅师回答他："佛法是普度众生的，所以，不只是你的妻子得利而已。"

屠夫听到这样的答案后着急了，他说："我妻子身体虚弱，长得也娇小，众生都能得到利益，那她肯定会吃亏的。禅师，你可不可以单独只为我妻子诵经？"

禅师摇了摇头，意味深长地说："你这是自私的表现。修法有一个非常讨巧的方法，那就是用自己的功德照耀别人，让大众均得到法益。所谓因果、事理的关系就是这样，就好像一支蜡烛点燃千千万万蜡烛，这支蜡烛的光亮并未因此而熄灭，反而引燃了别的蜡烛，也照亮了自己。"

屠夫似乎有所感悟，又似乎没有真正领悟。他又说："你说得有道理。那就不需要单独为我妻子做法事，但我想提个小小的要求。"

禅师问："什么要求。"

屠夫说："我有一个邻居，他以前老找我的碴儿，想尽各种办法来害我，欺负我。既然禅师说做法事众生都会得利，那可不可以把他从这个众生中抽去呢？因为我真的非常讨厌他。"

禅师厉声说道："既然是众生，哪还有除去之说？"

屠夫被禅师的一句话点醒了，幡然悔过。

屠夫只懂得站在自己的立场上看问题，出于自己的需要，要求禅师将邻居从众生中抽去，后来被禅师点醒，才幡然醒悟。世界上万事万物都有差别，但又都是平等的。"一灯照暗室，举室通明，何能只照一物，它物不沾光呢？"为人处世，不仅要善待自己，更要善待别人。世界本是一个整体，需要互相尊重和理解。倘若割裂自己与他人的联系，将自己身处的世界看成为自己牟利的工具，以自己的一套标准度量和要求他人，别人对自己有益就善待，对自己无益就排斥驱除，那么，这样的人终将被他人和世界抛弃。

其实，世间万事都是相对的，不存在绝对的、放之万事皆准的标准。

一天，一心大师与一位居士在庭院中品茶。居士向一心大师请教："大师，我今天碰到一件有趣的事情。我邻居家的外墙刚刚上了新漆，光滑无比。一只虫子往上爬，总是爬不到一半就滑下来跌落墙根，可这只虫子在每次跌落后都会重又往上爬。邻居的父子看见以后各自发表了意见，父亲说：'这虫子真呆，换个粗糙的地方早就上去了。'儿子说：'这虫子真有毅力，丝毫不放弃呢。'禅师，这父子二人的观点全然相反，你说这究竟谁是谁非呢？"

一心大师没有回答问题，却反问居士："太阳在白天大放光芒，月亮在夜里投下清辉。日月所为截然不同，居士，请问日与月谁是谁非呢？”

居士听完，大笑了悟。

虫子究竟是呆还是有毅力，都不过是人类擅自的评判，用人类看待事物的标准来评判虫子，本身就已走入误区。不论日月还是人事，谁是谁非终究没有定论，是非只来自于人言。用自己心中的标准去猜度和要求他人，是人类的通病。问题的根本在于没有站在他人的立场来考虑问题，没有一种善待别人的修养境界。

为人处世时，不要将自己的标准强加于他人，善于站在他人的角度看待问题，才是平等、尊重的表现。

慧心智语

一灯照暗室，举室通明。何能只照一物，他物不沾光？

设身处地为人，将心比心待人

人往往是自私的，而且大都有见不得别人好的通病，见到别人比自己好，就想破坏，这种褊狭的行为只会“自食其果”。自己怎样对待别人，别人也会用同样的方式对待自己，最终别人受害，自己也受害。

我们有时眼光不够长远，视野不够宽广，不顾后果，做事只凭一时冲动，结果导致人我关系破裂。要改变这种自私褊狭的心态，就要换一个角度看待问题。

如果一个人能摒弃私心，推己及人，善于站在别人的立场上考虑问题，人们便愿意与他结交，他的身边就会聚集很多的人，他的交际圈就会越来越广，事业也会越来越顺利。站在他人的立场上考虑问题，要求人们转换思维和视角。抛开个人的狭隘视野，时时不忘换个角度看问题，这是一个人成大事的关键。

佛陀在世的时候，有一位叫做欢喜的母夜叉生了五百个小孩，其中最小的孩子名叫爱儿，最得她的喜爱。

欢喜最喜欢吃小孩的血肉，所以她每天都会到王舍城中去捉小孩来当食物。当孩子的父母发现自己的小孩不见了，都非常伤心。于是人们来到佛陀居住的地方，对佛陀诉说。佛陀听了之后，默然答应了人们的请求。

隔天清晨，佛陀到了欢喜住的地方，欢喜因为外出觅食不在家，佛陀运用神力用钵将欢喜的小儿子爱儿盖住，让他的哥哥们都看不见他。欢喜回来后，没看到爱儿，急得到处寻找，仍然没发现爱儿的踪影，于是问其他的孩子：“你们看见爱儿弟弟了吗？”

“没有！从清晨起我们就没有看见他了！”

欢喜听了十分着急，到处寻觅爱儿，但她找遍城中的每一个角落仍不见爱儿的身影，她急得快发疯了，到处大喊着：“爱儿！你在哪里啊？”

她悲戚地不断喊着，但回应她的始终是一片凄凉。她上天去找，向天神求助。

天神说："你可以理智地想一想，那天有谁到过你家？"

"听我儿子说，有沙门乔达摩来过我家。"

"既然如此，你应该赶快去问世尊，他一定知道你的爱儿在哪里。"

欢喜心中升起一丝希望，火速前往世尊的住处，她对佛陀请求说："世尊！我的爱儿已经失踪很久了，希望您能帮助我找到他。"

"你有几个儿子？"

"五百个！"

"既然你有五百个儿子，少一个有什么关系呢？"世尊故意说。

"世尊！虽然我有五百个儿子，但是少了爱儿，我必定会伤心吐血而死。"

"欢喜啊！你有五百个儿子，少一个你尚且如此痛苦难过，何况其他人，他们可能只有一个孩子啊！你觉得他们受的痛苦比起你来谁多呢？"

"世尊！我想他们一定比我痛苦。"

"你既然知道爱别离苦，为何还吃别人的小孩呢？"

"我已经知道错了，请世尊教诲。"

"欢喜！你可以从我受五戒，王舍城的人们就不必再害怕你了，如果你能发这个愿，不必离开这里，马上就可以见到你的爱儿了。"

"是的！世尊！我愿意受持佛的戒法，从此不再危害百姓。"

这时佛陀运用神力，让欢喜看见爱儿，母子欢喜重逢。从此以后，王舍城的人们也可以过着安乐的生活，不再担惊受怕了。

欢喜失去了自己的爱儿，才明白他人失去儿女的痛苦，在将心比心的体验过程中，终于弃恶向善。在现实生活中，凡事都不要过于强求，若能设身处地地站在别人的角度考虑问题，为别人想一想，便会减少很多不满和抱怨，使自己的工作和生活轻松愉快，使人与人之间的关系变得平和美好。

人是感性动物，对待事物、处理事情，往往根据看到的景象，依照自己的价值观和思维模式作判断，因此对待别人与要求自己就有了双重标准，由此产生的冲突便可想而知。为人应当学会设身处地地为别人思考，自己希望怎样生活，就应想到别人也希望怎样生活；自己不愿意别人怎样对待自己，就不要那样对待别人；自己所不愿承受的，就不要强加在别人头上。

设身处地地为他人思考，将心比心为他人考虑，是一个做人的境界。拥有这种境界的人，无论何时，都能做到换一个角度看待生活。换一个角度，心就宽了，在与人相处的过程中，就能多结因缘，因缘多，路就走得顺畅。

慧心智语

抛开个人的狭隘视野，时时不忘换个角度看问题，这是一个人成大事的关键。

平等待人，以心换心

佛陀的大弟子须菩提拖钵乞食只“乞富不乞贫”，大迦叶则“乞贫不乞富”。两位尊者各有各的想法：须菩提认为贫穷的人三餐难继，不应再向他们乞讨食物，而大迦叶认为穷人之所以贫穷是因为前世没有修福，所以今生要给他们布施的机会。佛陀因此批评他们“心不均等”，也就是待人有偏差。

在佛陀看来，一个修行者不能在对贫富的看法上有偏差，而要用“人人是佛”的平等心来看待世间一切众生，“平等待人无分别”是人们应当具备的为人之道。要做到对所有人一视同仁，不以年龄大小、财富多少、地位高低而区别对待。这一点说起来容易，做起来却很难。

有一位云水僧听人说无相禅师禅道高妙，想和其辩论禅法，适逢禅师外出，侍者沙弥出来接待，道：“禅师不在，有事我可以代劳。”

云水僧道：“你年纪太小，不行。”

侍者沙弥道：“年龄虽小，智能不小！”

云水僧一听，便用手指比了个小圈圈，向前一指，侍者摊开双手，画了个大圆圈。云水僧伸出一根指头，侍者伸出五根指头。云水僧再伸出三根手指，侍者用手在眼睛上比了一下。

云水僧诚惶诚恐地跪了下来，顶礼三拜，掉头就走。云水僧心里想：我用手比了个小圈圈，向前一指，是想问他他的胸量有多大？他摊开双手，画了个大圈，说有大海那么大。我又伸出一指问他自身如何，他伸出五指说受持五戒。我再伸出三指问他三界如何，他指指眼睛说三界就在眼里。一个侍者尚且这么高明，不知无相禅师的修行有多深，还是走为上策。

由这个故事可以看出，高僧不一定完全顿悟，侍者沙弥也未必心中没有禅道。正如少林武僧未必各个都能成十八罗汉，普普通通一个扫地僧人却很可能是世外高人。

所谓平等，其实就是无差别，在佛法的世界当中，三千世界任何事物都是相同的。这并不是指一切事物看起来都没有区别，而是指生命与生命之间、人与人之间是平等的，并没有贵人、穷人、普通人之分，也没有道士、和尚之分。

世界上没有两片完全相同的树叶，更不会只存在一种树木、一类植物，这就是世间万物的差异性。世界因差异而精彩，因差异而进步；然而世间万物又是一个整体，虽然存在着巨大的差异，但本质上依然相同。

人与人之间也有着众多的差异，如生存环境、生活方式、个性、价值观等的差异。如何在差异中找到平衡点呢？如何做到相互包容、求同存异、真诚相对？需要的只是一颗平等心。

正所谓“人不可貌相，海水不可斗量”，绝不能因为别人比我们年龄小或者经历没有我们丰富、社会地位不如我们高，便轻视他人。我们与人相处，要友善地接纳，真诚地帮助，即便是本来怀着恶意的人，因我们友好平等的态度，就算不对我们好，也不会伤害我们。去掉差别心，以平等的心态对待人和事，心就会变得平和、变得开阔。只有以我心换你心，平等对待每一个人，才能在与人相处的过程中多结交朋友。

慧心智语

要做到对所有人一视同仁，不以年龄大小、财富多少、地位高低而区别对待。

【第六章】

结缘越多，成就越大

人没有无缘无故的得到，也没有无缘无故的失去。做人不以聪明为先，而以尽心为要；处世不以成功为急，而以结缘为尊。让步不一定吃亏，从礼让中，我们才能和谐双赢。分享，可以扩展我们的生活领域，让我们成为世界上最富有的人。

利他利人，散布欢喜

中国古代哲人历来强调“君子成人之美”，这是一种既能入乎其内，又能出乎其外，站在更高层次上看待世事的情怀，一种“极目楚天舒”的境界。把美好的事情作为一种精神上的追求，能够由此得到乐趣，而不去计较自己的得失，这才是君子之风。一个人如果拥有了成就他人的心量，也就拥有了君子风范。而在佛家观点里，君子成人之美意，即人在护持他人修行的过程中，不仅能超越自我限制，还能成就自己的菩萨道业。

《贤愚经》中记载了阿难护持修行人的故事：

一个师父对所收徒弟要求非常严格，徒弟中有一个沙弥喜欢诵经，只是苦于饮食等资具不足，需要外出托钵。如果托钵顺利，他就会有充足的时间诵经，否则回寺时间太晚，便会因为耽误功课而被师父责罚。

一天，沙弥托钵时间结束得晚，由于担心无法完成功课而被师父呵斥，因此感到愁苦。正当他无奈落泪时，一位长者经过，见沙弥哭泣便上前关心询问。沙弥便将他担忧的事情向长者倾诉。长者听后，恳切地说："以后我来供养你。请你天天到我家来，这样你就能专心诵经用功了。"从此以后，沙弥在长者的供养下专心诵学，无论师父规定多少功课他都能如期完成。

故事中的沙弥即是佛陀，供养饮食的长者就是阿难。因为护持他人修行，阿难因此修得大福报，在今生能听闻法音一字不失，这便是他为他人作因缘所得到的极大果报。

现代社会竞争压力巨大，世人你争我夺就算不损己也不愿利他，人的自私心重了，为他人作因缘的人似乎很难见到。自私心重的人，心灵之泉会慢慢枯竭，欢喜也便因人的心灵枯竭而慢慢枯萎。而这世间还有什么比欢喜更为珍贵？佛家倡导世人从善如流，为别人作因缘，不仅是因为利人可散布欢喜，亦是因为利人可让自己得大欢喜、大自在。

在印度，有一位牧牛老汉听说佛陀正在河边讲法，便拄着拐杖去了。当他到达佛陀讲法处时，已是人山人海。信众个个神情专注，用心聆听佛音。老人无法挤进人群，只好拄着杖站在河边的石头上听，不料他的拐杖正好拄到卧在石头上的一只蛤蟆。那只蛤蟆当时正在石头上静静地听佛陀讲经，

没有留意到老人的拐杖，因此来不及躲闪，而老人也因太专注于听法而一直没有觉察。

拐杖正好压在蛤蟆的脊柱上，蛤蟆疼痛难忍，但始终不发一声。因为见老人如此专注地听法，如果自己发声必然会扰乱老人的心，打断他听法，为了成全老人听法，蛤蟆默默忍受着锥心的疼痛，直到伤重死去。

蛤蟆死前听闻了佛法，在生前承受巨大痛苦的情况下还能够有护人听法的清净心，因此它在命终之后，神志脱离了畜生道，升上了四天王宫。

量大福就大，帮助他人而不计得失乃极大心量，这种心量成就了众生，也成就了自己。然而自私的人并不这样想，他们总把自己的利益推到至高无上的地位，为了维护自己的利益，达到自己的目的，甚至会不择手段，诸如“人不为己，天诛地灭”、“宁肯我负天下人，不愿天下人负我”、“利人者是痴傻人，利己者是聪明人”等，都是他们的典型观念。自私的人，没有人愿意与其共事，因而他们也难以成大事。

一个想要改正自私心态的人，不妨多做些利他行为，如关心和帮助他人，为他人排忧解难等。多做好事，可在行为中纠正过去的自私心态，从他人的赞许中得到利他的乐趣，使自己的灵魂得到净化，从而与人结下更多缘分。

慧心智语

为别人作因缘，不仅是因为利人可散布欢喜，更是因为利人可让自己得大欢喜，大自在。

分享的过程是结缘的过程

心灵无私，懂得分享，是我们获得快乐的途径。生活的真谛并不神秘，幸福的源泉大家也都知晓，只是出于私心或者出于忙碌，常常忘记罢了。

没有人分享的生活，是一种惩罚，因为没有人喜欢寂寞的生活。即使功成名就，如果没人分享，再多的成就也不圆满。如果没有分享，谁来聆听我们心中的清音？如果没有分享，谁来领略我们生命中的精彩？没有分享，仙境也会变成地狱。

佛祖领着一位学禅者参观地狱与仙境。

他们来到一个房间，只见一群骨瘦如柴、奄奄一息的人围坐在香气四溢的一锅肉汤前，因手持的汤勺把太长，虽然他们争抢着往自己的嘴里送肉，可就是吃不到，又馋又急又饿。佛祖说："这就是地狱。"

他们走进另一个房间，这里空气中同样飘溢着肉汤的香气，人们同样手里拿着特别长的汤勺。但是，这里的人个个红光满面，精神焕发，原来他们个个手持长勺把肉汤喂进他人嘴里。佛祖说："这就是仙境。"

地狱与仙境，环境一样，只因心灵的差异，里面的人生存境遇便迥然不同。一心只想到自己，不考虑他人，仙境也会变成地狱；互相关爱和分享，彼此照顾，能使大家都受益，地狱也会变成仙境。

人间最宝贵的财富莫过于分享。佛家有云："若为乐故施，后必得安乐。"这与儒家提倡的"独乐乐不如众乐乐"有异曲同工之妙。其实分享并不意味着失去，独占也并不意味着拥有，懂得分享，可以让我们收获一些惊喜。一个懂得分享的人，往往生命丰沛而且充满活力。

智德禅师在院子里种了一株菊花，三年之后的秋天，院子里开满了菊花，花香随风四散，甚至飘到了山下的乡村里。

到禅院里礼佛的信徒们常常流连于这美丽的花园之中，交口称赞："多么美丽的菊花啊！"

有一天，一个信徒对智德禅师说他想跟禅师讨几株菊花种到自己家里，想让自己的家人也能每天看到如此美丽的花朵，嗅到这股芳香。智德禅师立刻答应了，并亲手帮他挑了几株开放得最旺盛，枝叶最繁茂的，然后将根须挖出来送给他。

消息传开之后，前来要花的人络绎不绝，智德禅师一一满足了他们的要求。不久，禅院中的菊花都被送出去了。

弟子们看到荒芜的禅院，不禁有些伤感，他们略带惋惜地对智德禅师说："真可惜，这里本应该是满园飘香啊！"

智德禅师微笑着说："可是，你们想想看，这样不是更好吗？因为三年之后，将会是满村菊香啊！"

弟子们听师父这么一说，心中的不满和惋惜立刻被消除了。

通过“满村菊香”，弟子们明白了分享是一种博爱的心境。分享是一种生活的信念，明白了分享，也就明白了存在的意义。分享可以让幸福快乐成倍增加，也可以让痛苦寂寞随之减半。

分享的过程，是一个成长的过程。只有懂得与别人交流和分享，我们才能够在智慧和情感的分享中不断得到提升与发展。

慧心智语

只有懂得与别人交流和分享，我们才能够在智慧和情感的分享中不断得到提升与发展。

多给人“利用”，实现自己的价值

“采得百花成蜜后，为谁辛苦为谁甜。”说到被人“利用”，蜜蜂也许是最为典型的代表。辛苦奔忙于百花丛中酿一蜜，最终却大多被人类取走，甜了人类的嘴。尽管如此，蜜蜂却没有怨言，甘为人所“利用”，而蜜蜂的价值也因此而突显出来，所以千百年来，蜜蜂一直是我们人类不可或缺的朋友，也一直为人颂扬。可见，给人利用并不一定是坏事，一个人的价值正是在被他人“利用”的过程中才得以体现。

一家寺院经常用化缘所得接济村里的乡民；遇到天灾，寺院每每广开善门发放赈济；每到年节，寺院也总是向村民布施。村中有些凶悍之人，平日无事爱刁难出家人，可到了寺院发放救济、布施时这些悍民却扶老携幼前来领取赈济品，寺里的僧人们为此不能释怀。

一天，一位僧人对住持说：“师父，这些悍民实在没有良心。他们来寺里取好处，需求无度就罢了，却在得了好处后过河拆桥，平日里还恶语相向。”

住持看着僧人，平静地说：“给人利用才有价值，出家人广结善缘，村民们利用我们与菩萨结了缘，得了欢喜是大好事。我们能这样多多给人利用，亦是自己的功德，可以作为对自己的期许啊。”僧人听后，终于释然。

“多多给人利用，亦是自己的功德。”佛家倡导的慈悲，正包含了以自己对他人的“助缘”来度化众生，增进自身对社会的贡献。就像一块方糖，放进苦咖啡中，人们便是在“利用”它来调和咖啡的苦味，这是因为它有“甜”的价值，而方糖也只有在中和了苦味时，才能体现出自己的存在价值。所以，“利用”也能对大家有利。

时刻给别人一点帮助，自己也就能成为别人的好因好缘。佛说，与众人一起得享利用的成果，正是“利用”的最高价值所在。

给人“利用”，意味着谦让；给人方便，意味着多成就他人，不斤斤计较谁得谁失。很多时候，让他人得利并不一定自己就会失利，相反，人常常能在给人方便的同时也给自己方便。

佛陀在给信众讲法时，曾讲了一段有关商队的故事：

从前有两个商队一起出门经商。两个商队货品加上粮草一共有几十车，由于人多车多，其中一个商队的领队就说：“我们可以分批次出发，这样可以避免秩序混乱。你们可以选择是先走还是后走。”

另一个商队的领队选择了先走。他认为先走牛马可以先吃到青草，如果后走，路会因为先行大队人马的践踏而变得难行；况且，先走还可先到目的地，这样便

能抢占商机，于是他带着他的商队先行一步出发了。

后行的商队中有队员开始抱怨领队，认为领队让对方选择先行，所有的好处都会被对方占去了。可是领队笑笑说："草被吃过才能长出鲜嫩的草，我们的牛马正好可以吃上；路被踏过会变得平坦，我们正好走过；先到市场的人正好能帮我们了解行情，到时我们就更容易把握商机了。"

先行的商队自有先行的好处，而后行的商队也能因为先行商队的行动而得到益处，双方都能获益，这就是相互"利用"的最高价值的体现。每个人其实都身处"利用"与"被利用"之中，只要从这种"利用"之中有所收获，就足够了。

人与人之间的关系，其实都在于一个"缘"字，人际交往，要多结缘。有缘，就有希望，就有方便，就能成就更多。要想多贡献因缘，多与人结缘，就要多给人"利用"。生活中，我们不仅要感谢过去的因缘，把握现在的因缘，更要培养未来的因缘。因缘不是单一直线的发展，而是互有影响，左右关联，彼此呼应，有无尽的因缘，才可能有无尽的成就。

慧心智语

人际交往，要多结缘。多与人结缘，就要多给人"利用"。

为他人点灯，亦照亮自己

布施不但是成佛的根本，也是做人的根本，一个总想保全自己、不知布施的人，将很难行走于世。

对于布施，常人的理解可能会有这样的偏颇：平常人舍得了财物就是布施，而佛者舍了财物不叫布施而叫普度，其实这是错误的。布施即是普度，普度、慈悲也是布施的一种，就如同生活中只要付出爱，我们就会得到爱和福气。

布施就好比一个为他人点灯的过程，在照亮他人时，亦照亮了自己。人生中最好的布施之一，就是人们真诚地帮助别人，同时也帮助自己。

有一个青年苦于现实生活的郁闷、惆怅，情绪非常低迷，便想到庙里走一走。

到了寺院，但见寺庙里香客不断，檀香馥郁，再看香客们的脸，一张张都写满坦然、安详、幸福，他有些迷惑：莫非佛门真乃净地，果真能净化众生的心灵？

流连寺院中，见到一位在枯树下潜心打坐的佛门老者，那入迷之态吸引了他的注意。走近细看，老者那面露慈祥、心纳天下的表情强烈地震撼了他——原来一个人能超然物外地活着是这么美好！

他悄然坐在老者身边，请求老者开示。他向老者诉说了自己心中的苦痛，然后问："为什么现代人之间会钩心斗角，纷争不已？"

老者拈须而笑，铿锵而悠长地说："我送你一句佛语吧。爱出者爱返，福往者福来！"

青年听后翻然醒悟！

正如老者所言，“爱出者爱返，福往者福来”，如果心中有爱，胸中有福，却只是一人独享，而不与人分享，那人生又有什么快乐可言呢？茫茫尘世，人与人如果能够互尽心力，互相照顾，世间将充满无尽的快乐。

当自己有蛋糕时，懂得与他人分享；当他人有困难时，懂得善待他人，这些都不是很复杂、很困难的事，很多只不过是举手之劳。布施不仅能轻松地与他人一起分享喜悦，给别人力量，还能使自己在精神上得到满足，何乐而不为呢？反之，不善于布施，不懂得与别人分享，不懂得帮助别人的自私者，必会被人们抛弃。我们生活在一个美丽的世界，鸟语花香的环境有赖于每个人的努力，只有把爱与人分享，我为人人，人人为我，世界才会更美好，才更值得留恋。

如果心中没有恶念，能够抛开自私的个性，帮助别人，并在帮助别人的过程中体验到生命的快乐，那么，布施就已经成为这个人的行为准则，就可以不用在意布施的形式了。有时候，一个小小的善行，往往会体现出大爱。充满爱心的人往往能享受到更大的幸福，因为他们有三个幸福来源：自己的幸福，别人的快乐，还有自己对别人的付出。

在人际交往中，让他人感觉到自己纯真善良的心，对他人付出爱和关怀，就是送给他人最珍贵的礼物。生命的意义在于分享，在于给予，而不在于接受，更不在于索取。助人为乐，与人分享幸福，自己就会得到双倍甚至更多的幸福。让自己愉快，也给别人带去愉快的秘诀之一，就是处理好自己与自己、自己与别人的关系。用积极的心态对待自己，在成长中不断领悟具体该怎么想、怎么做，我们就能真正做到愉己及人。

为他人点灯，亦照亮自己。感情是在相互的施与爱的过程中产生的，如果我们能主动伸出善意的手，就会被无数同样包含善意的手握住。

慧心智语

生命的意义在于分享，在于给予，而不在于接受，更不在于索取。

【第七章】

不贪不求，简单就是一份厚礼

自以为拥有财富的人，其实被财富所掌控着。真正的财富是满足，享受名利不如享受无求。经常少欲知足的人，便是无虞的富人。拥有再多也无法满足，就等于是穷人。简单是人生的一份厚礼，让内心和生活都回复简单，才能获得幸福。

不贪不执的清净心

人们在任何时候都需要保持一颗清净的心。清净心，即无垢无染、无贪无嗔、无痴无恼、无怨无忧、无系无缚的空灵自在、湛寂明澈的纯净妙心，也就是离烦恼之迷惘，即般若之明净，止暗昧之沉沦，登菩提之逍遥。

有了清净心，就能忍耐一切失意事，遇到快乐的事也能淡然视之；得到荣耀和上天的恩宠，能保持平和之心，受到怨恨也能安然对待；烦恼和忧心之事到来时，能平静处之，忧愁和悲伤也能尽快平复。清净心能够提升人的境界，如果能清除妄心，回归真心，那么学佛的人就能修成正果；普通人也能除去烦恼，自在逍遥。

佛陀带领阿难及众多弟子周游列国，一日，朝着一座城市行进。那位城主早已耳闻佛陀的事迹，担心佛陀到城里后，会使得所有的人民都皈依佛门，自己将来就无法受人敬重了，于是下令：“若有人敢供养佛陀，就要交500钱税金。”

佛陀进城后，就带着阿难去托钵，城里的居民因担心交沉重的税金而不敢出来供养佛陀。当佛陀托着空钵准备出城时，一位老佣人正端着一碗腐烂的食物出门，准备将之丢弃，然而，当她看到佛陀庄严的姿态、大放光明的金身及眉宇间散发的慈悲与安详时，心里非常感动。

这位老佣人顿时生起了景仰的清净心，想要供养佛陀一些美味佳肴，但她因一贫如洗而无法如愿，心中既难过又惭愧，只好告诉佛陀说："我实在很想设斋供养您，但我什么也没有，只剩手上这碗粗糙的食物，若佛陀您不嫌弃，就请收下吧！"佛陀看出她的虔敬以及供养的那份清净心，就毫不犹豫地收下了她供养的食物。

佛陀对阿难说："这位老佣人因为刚才的布施，在往后的十五劫中，她将到天上享福，不堕入恶道中。之后，她会投生为男子，并且出家修行，成为辟支佛，证到无上涅槃，受大快乐。"

这时，有个人看到这样的情形，就对佛陀说："用这样不净的食物布施，竟可得到如此的果报，怎么可能呢？"

佛陀于是问他："你可看过世间有什么稀有罕见的情形？"

那人回答："有啊！我曾经在路上亲眼看见一棵大树，居然能遮蔽住有五百辆车的车队，那树荫大得简直没有尽处，这可说是稀有难得的吧！"

佛陀说："这棵树的种子有多大呢？"

那人回答："大概就只有一般种子的三分之一大而已。"

佛陀说："谁会相信你说的话呢？那样一棵罕见的大树，竟然是由如此微小的种子所孕育出来的。"

那人紧张地反驳说："是真的呀！我没有撒谎骗人，因为那是我亲眼所见的。"

佛陀告诉这个人："那位充满清净心布施的老佣人，最后得到大福报，这和你遇到的情形不是一样吗？树的种子如此微小，却有极大的果报。更何况，如来已证得最圆满的果位，福田是如此丰盈，这样的事不是不可能的。"

这个人听了当下豁然开朗，赶紧顶礼佛陀，忏悔自己的愚痴过失。佛陀欢喜地接受此人的忏悔，并慈悲地为他开示。由于一心听法的缘故，此人即证得初果罗汉。证果的他欢喜地举起双手，向大家呼喊道："各位，甘露的门打开了，为何大家不赶快出来啊？"

城里的居民纷纷缴纳了500钱税金后，蜂拥至佛陀面前，表示欢迎与供养，并异口同声地说：“若能得到甘露佛语，那500钱又算得了什么！”

当所有的居民全都出来供养佛陀后，城主的那道命令也就显得无效了。后来，城主也忏悔自己的过失，和大众一起同获清净的心。

“清净心植众德本”，一切功德皆从清净心中来。正如故事中的老佣人一样，抱持一颗清净心布施，即使只是一碗腐烂的食物，也能得到福报。

在现实生活中，我们也需要抱持一颗清净的心。无论生活、工作还是学习，都应做到内心清净。清净并不是空，并不是什么也不想，而是无论好坏，都不放在心上。做再多的好事，取得再大成就，都不往心里去；同样，遇再多挫折，受多大打击，也不纠结于心。

不执着，不分别，不贪心，不妄想，心就清净。清净心里生欢喜，这种欢喜不是从外界来的，而由内心生发出来，是真正的欢喜，不会随外物而变。

在紧张忙碌的日子里，拿出小小的空闲为自己净心，片刻的净心会带来片刻的安宁，无数个片刻积累起来，人就获得了一份悠然自得的心情，整个身心也能达到和谐的状态。从片刻安宁到身心和谐，又何尝不是一粒种子长成参天大树的过程？

慧心智语

不执着，不分别，不妄想，心就清净，清净心里生欢喜。

舍一分利心，得一份简约

有些人在活着的时候对名利和财富异常重视，到死都不肯放手，但在死后，这些名利钱财都不再属于他们，活着的时候吝啬物质上的付出，就显得毫无意义。当然，这并不意味着人们都要把千金散尽，而是人们对待财物的态度应当保持自然，不要太吝啬。适度的物质享受是合理的，一旦过度就成了奢侈；而死死攥住手里的钱，自己不肯用，更不肯施与他人，更是大错特错。

人从出生到死亡，不过是“赤条条来去无牵挂”，在生命的过程中，如果只想着做一个守财奴，那么赚再多的钱也没有意义。这些钱在我们生时，是束缚的枷锁，在我们死后不知又将成了谁的枷锁，不如舍去，换取更多的温暖。那些用了的钱财，才是自己的。

金钱和财富很美好，常令人们对其趋之若鹜，不遗余力地追求。但金钱不是万能的，财富也未必总能令人快乐，只有超越其存在，才能享受生活。佛家告诉世人，真正的金钱观，是对金钱等物质上的东西喜于接受，也喜于付出。

有位信徒对默仙禅师说：“我的妻子贪婪而且吝啬，对于做好事行善，连一点儿钱财也不舍得，你能到我家里来，向我妻子开示，使她能行些善事吗？”

默仙禅师是个痛快人，听完信徒的话，毫不犹豫地答应下来。

当默仙禅师到达那位信徒的家里时，信徒的妻子出来迎接，却连一杯水都舍不得端出来给禅师喝。于是，禅师握着一个拳头说：“夫人，你看我的手天天都是这样的，你觉得怎么样呢？”

信徒的妻子说：“如果手天天是这个样子，这是有毛病，畸形啊！”

默仙禅师说："对，这样子是畸形。"

接着，默仙禅师把手伸展开，并问："假如天天这个样子呢？"

信徒的妻子说："这样子也是畸形啊！"

默仙禅师立即趁机说："夫人，不错，这些都是畸形，对钱只知贪取，不知布施，是畸形；只知道花用，不知道储蓄，也是畸形。钱要流通，要能进能出，要量入而出。"信徒的妻子此时终于顿悟了。

握着拳头暗示过于吝啬，张开手掌则暗示过于慷慨，信徒的妻子在默仙禅师这样的比喻中，对为人处世、经济观念、用财之道，都豁然领悟了。

有的人过于贪财，有的人过分施舍，这都不是禅道里所讲的财富观。我们应该知道喜舍结缘是发财顺利的原因，因为不播种就不会有收成。布施应该在不自苦、不自恼的情形下去做，在自己力所能及的情况下帮助别人，否则，就不是纯粹的施舍。

在现代社会，许多有钱人都乐善好施，对金钱可以慷慨解囊。他们认为，钱财并不总是给他们快乐，而散财、做慈善事业，反而让他们找回了幸福感，这是一种正确的财富观和布施方式。

对于普通的人来讲，虽然没有大笔的财富，但也不必为了金钱而变得锱铢必较。钱财是为了让自己的日子越过越好，而不是让自己变得越来越提心吊胆，或者终日汲汲而求。

那些被我们牢牢攥在掌心的财富，原本就不可能永远为我们所有。在这个世界上，只有被自己用出去的钱财才是自己的。多布施一分钱财，就多舍去一分贪心，多收获一分善缘；多清空一分财富带来的负担，就多得到一分简单生活的真谛。

慧心智语

多布施一分钱财，就多舍去一分贪心，多收获一分善缘；多清空一分财富带来的负担，就多体会到一分简单生活的真谛。

布衣桑饭，知足就能开心

《金刚经》有文：“法尚应舍，何况非法。”这种大彻大悟很难有人做到，舍也好，得也罢，最高境界恐怕不是在权衡各种利弊得失之后作出的判断，而是在看淡了名利，看淡了自己，看淡了世间一切“法”之后，一种随意的“舍”。

我们常人也许很难达到这种境界，最起码应当学会舍，舍弃生命中多余的欲望，知足常乐。孟子说：“养心莫善于寡欲；其为人也寡欲，虽有不存焉者，寡矣；其为人也多欲，虽有存焉者，寡矣。”这说的就是“知足常乐”的道理。

对于一个不知足的人来说，天下没有一把椅子是舒服的，没有一块美玉是纯净无瑕的。古人“布衣桑饭，可乐终身”，一个不懂得知足的人，即使拥有荣华富贵，也摆脱不了愁苦。

虽然谁都有些需求与欲望，但这要与自身的能力及社会条件相符。每个人的生活都有欢乐，也有失缺，不能搞攀比，俗话说“人比人，气死人”，面对他人的优越，要有恰当的心理调适。心理调适的最好办法就是让自己始终抱着知足常乐的观念，“知足”便不会有非分之想，“常乐”便能保持心理平衡，不掉进贪欲的牢笼，不得解脱，既看不到眼前的幸福，也看不见生活未来的方向。

从前在普陀山下有位樵夫，以打柴为生，他整日早出晚归，风餐露宿，但仍然常常揭不开锅。于是，他老婆天天到佛前烧香，祈求佛祖慈悲，让他们脱离苦海。

苍天有眼，大运降临。有一天樵夫突然在大树底下挖出一个金罗汉，转眼间他就成了富翁！于是他买房置地，宴请宾朋，而亲朋好友都像是一下子从地下冒出来似的，纷纷赶来向他表示祝贺。

按理说樵夫应该非常满足了，可他只高兴了一阵子，就又犯起愁来，吃睡不香，坐卧不安。他老婆看在眼里，不禁上前劝道：“现在吃穿不缺，又有良田美宅，你为什么还发愁呢？就是贼偷，一时半会儿也偷不完啊。

你这个丧气鬼！天生受穷的命。”

樵夫听到这里，不耐烦地说：“你妇道人家懂得什么？怕人偷只不过是小事，关键是十八罗汉我才得到其中一个，其他十七个我还不知道它们埋在哪里呢，我怎么能安心呢？”说完便瘫软在床上。樵夫整日愁眉不展，落得疾病缠身，最终离幸福和健康越来越远。

樵夫的不幸在于不知足，太过贪婪。很多人认为，只有不知足才能不断进取，才能不断拥有。其实不然，世间有很多东西是我们倾尽一生努力也无法得到的。明知不可得，却听从欲望魔鬼的引诱，在一次次徒劳的努力中耗尽心神、尝尽失望的苦酒，最终又怎能得到快乐呢？不知足，是因为得到的不再觉得珍贵，而认为不曾拥有的才是最好。

知足常乐是以发展的眼光看待事物，不是安于现状的骄傲自满。《大学》曰：“止于至善。”就是说人应该懂得如何努力而达到最理想的境界，懂得自己处于什么位置是最好的。知足常乐，知前乐后，也是透析自我、定位自我、放松自我。这样才不至于好高骛远，迷失方向，最终碌碌无为。

生活的本质是简单，身外再多的繁华，最终也会褪尽，只有简单永恒不变。知足意味着看透身外之物的清醒，意味着对简单生活的认同。我们应该明白：布衣桑饭，知足就能开心。

慧心智语

对于一个不知足的人来说，天下没有一把椅子是舒服的，没有一块美玉是纯净无瑕的。

【第八章】

慈悲心助人，智慧心成已

慈悲没有敌人，智慧不起烦恼。智慧，是人生的透视，是微妙的感悟，是经历的结晶；慈悲，是世间的至情，是善美的关怀，是无私的奉献。烦恼消归自心就有智慧，利益分享他人便是慈悲。智慧与慈悲，是人间的至宝。

要有爱的胸怀和爱的智慧

佛经上说：“心净则国土净。”心净之人才能抵达禅的绝妙境界，一念觉，众生是佛。众生皆有佛缘，开启慈悲心，发掘智慧心，立地成佛，不畏遮眼浮云，生命的微笑将绽放在世界的每一个角落。生命的微笑，是慈悲的感召，是智慧的开示。很多人常常觉得自己已经具备了慈悲与智慧，实际上却只是同情与聪明而已。

在佛陀涅槃之后，他的弟子都在人世间，一代一代地“上求佛法以自利，下度众生以利他”，以佛法来帮助自己是智慧，以佛法来帮助他人是慈悲。慈悲心愈重，智慧愈高，烦恼也就愈少。只有运用慈悲来修福报，运用智慧来修智慧，修福与修慧同时进行，相辅相成，才能获得真正的圆满。

真正的慈悲是平等地关怀一切众生。无论是亲朋好友，还是路人甲乙丙丁，甚至是敌人，都要随时准备给对方以帮助，随时存有众生平等的心念而与人相处，与这个世界融合。

滴水和尚19岁时就在曹源寺出家，拜在仪山禅师门下。刚刚入寺修习时，他终日被派去打杂，给寺中僧人烧洗澡水，时间久了，他渐渐不满于师父的安排。

有一次，师父嫌洗澡水太热，就让他去提一桶冷水过来调和一下。滴水和尚便去提了凉水过来，先将一部分热水泼在地上，又把多余的冷水也泼在地上，然后将水调好了。

师父见此情状，严厉地斥责他说："你怎么如此冒冒失失！地上有多少蝼蚁、草根，这么烫的水泼下去，会烫死多少生命？而剩下的那些冷水，如果用来浇花育园，又能活多少草木？你若心无慈悲，出家又为了什么呢？"

滴水和尚顿悟，他既明白了原来烧水做饭之中也可以悟到禅机，又清楚了慈悲心在修禅过程中的意义，自此，他以"滴水"为号，成为一代禅师。

关怀生命不仅仅指关怀人类自身，而且要关怀世间一切生命，如蝼蚁、草根，这些都是慈悲的对象。地藏法音《唯识论》中曾有“佛观一杯水，八万四千虫”之说，在众生眼中普普通通的一杯清水，在佛的眼里，水中却有无数需要救助的生命。传说佛祖曾要求弟子在饮水之前先将水过滤一遍，所以佛教至今仍保留着滤水的传统。

慈悲是指以慈悲心来对待别人，而智慧则是约束和辅助自己修行的无形力量。智慧并非通常意义上的高智商或头脑聪明，而是无私地处理一切问题。佛法强调无我，因此在处理任何事情时，都要抛弃以自我为中心的习惯，不能从自我的立场或利益出发去评判是非。同时，智慧不是缺乏人性的冷酷，而是以感情为基础，情理兼顾，除去烦恼。

为人处世，应时刻想着把美好的事物与别人一起分享，不仅要克服自私的束缚，而且要依靠这种分享的智慧来实现对他人的慈悲。即使自己一无所有，但是让其他人分享到自己的幸福，是一件快乐的事情，是一种慈悲的胸怀，也是一种无私的智慧。

慈悲与智慧像飞鸟的一双翅膀，失去任何一方，人心都无法保持平衡的姿态，也就不能奢望展翅高飞触及极乐世界。慈悲的行为要以智慧来判断，否则就有可能好心办坏事；而智慧的运用则要以慈悲为前提，否则就会流于空谈。

慈悲与智慧的交融，是心灵的和谐、完美与圆融，它使人能够不断探索生命的奥秘，同时看到真正的自己。

慧心智语

慈悲与智慧的交融，是心灵的和谐、完美与圆融，它使人能够不断探索生命的奥秘，同时看到真正的自己。

雪中送炭好过锦上添花

每个人活在这个世上，都不可能无求于他人，也不可能没有助人之时。在打算帮助别人的时候，我们应当记住一条原则：救人一定要救急。如果对方有求于我们，这说明他正等待着有人来相助，而如果我们应允了，那么就必须及时相助。

求人须求大丈夫，济人须济急时无。锦上添花不是必要的，雪中送炭却是救人于危难。在一个人不渴的时候，你即使送他一桶水也没用；在他渴的时候，即使是半杯水也珍贵非常。一个人在吃饱的时候，再好的食物也会丧失吸引力；而在饥饿的时候，半个馒头也会让他觉得美味无比。雪中送炭远比锦上添花重要；人需要关怀和帮助，也最珍惜自己在困境中得到的关怀和帮助。若要一个人记住你，那么最好的方式莫过于在他最需要帮助时伸出援助之手。

因此，在佛家看来，拥有布施之心固然重要，但更重要的是，要善于布施、及时布施，否则，再重要的布施也会因为迟延而变得毫无意义。

有一次，一个穷人来到荣西禅师面前，向他哭诉：“我们家已经好几天都揭不开锅了，上有老，下有小，一家人眼看就要饿死了，请师父发发慈悲，救救我们吧，我们一家人将感激不尽，永远记得师父的恩德……”

荣西禅师面露难色，虽然他想救这家人，可是连年大旱，寺里也是吃了上顿没下顿，让他如何救这家可怜的穷苦人呢？荣西禅师一时束手无策。

突然，他看到身旁的佛像，佛像身上是镀金的。于是，荣西禅师毫不犹豫地攀到佛像上，用刀将佛像上的金子刮下来，用布包好，然后交给这个穷人，说："这些金子，你拿去卖掉，换些食物，救你的家人吧！"

这个穷人看到禅师这样，不忍地说道："我这是罪过呀，逼得禅师为难！"

荣西禅师的弟子也忍不住说："佛祖身上的金子就是佛祖的衣服，师父怎可拿去送人！这不是冒犯佛祖吗？这不是对佛祖的大不敬吗？"

荣西禅师义正词严地回答："你说得对，可是我佛慈悲，他肯定愿意用自己身上的肉来布施众生，这正是我佛的心愿啊，更何况只是他身上的衣服呢！这家人眼看就要饿死了，即使把整个佛身都给了他，也是符合佛的愿望的。如果这样做我要入地狱的话，那么只要能够拯救众生，赴汤蹈火我也在所不辞！"

荣西禅师为救人，不惜损毁佛像，可见佛家对于及时布施的重视。人们总会在现实生活中遇到一些困难，遇到一些自己解决不了的事情，这时候，如果能及时得到别人的帮助，自然会永远铭记于心，感激不尽。

人们常说，雪中送炭胜于锦上添花。在对方濒临饿死时送一根萝卜和在对方富贵时送一座金山，就人的内心感受来说是完全不同的。我们要做的，正是在他人落难时送他一杯水、一碗面、一盆火，因为雪中送炭更能显示出人性的伟大。当别人最需要帮助的时候，我们伸出的手才最派得上用场。布施需及时，因果不负人。

慧心智语

当别人最需要帮助的时候，我们伸出的手才最能派得上用场。布施需及时，因果不负人。

世上没有不能回头的歧途

佛道求真性，尊重人的自性与本性，这是佛家最尊重人的地方。佛重视发展人的自身潜能，主张自修自悟。同样的道理，我们要用自己的心去推及别人，自己希望怎样生活，就应该想到别人也希望怎样生活，要努力做到以众生平等的观点来看待事物。

如果没有平等，便谈不上慈悲。正如一个高高在上的有钱人施舍一点残羹冷炙给乞丐一样，这不是善良与慈悲，而是怜悯。佛法中的慈悲与善良之所以伟大，就在于佛祖是站在与众生平等的位置上来展示自己的慈悲与善良的。

怀着待己之心来对待他人，平等地对待世间事物，这是一种高尚的人格修养，也是同理心的一种表现。布施慈悲也是如此。只有视众生平等，才能没有区别地对每一个人都抱持一颗慈悲之心。无论是贩夫走卒，还是达官贵人，无论是高尚的圣贤之士，还是堕落的风流浪子，慈悲之人都会平等相待。

在朝阳升起之前，庙前山门外凝满露珠的草地里跪着一个人："师父，请原谅我。"

他是某城的风流浪子。20年前他曾是庙里的小和尚，极得方丈宠爱。方丈将毕生所学都教给了他，希望他能成为出色的佛门弟子。可他却在一夜之间动了凡心，偷偷下了山。外面的世界迷住了他的双眼，从此，花街柳巷，他只管放浪形骸。夜夜都是春，却夜夜不是春。20年后的一个深夜，他陡然惊醒，窗外月色如洗，澄清明澈地洒在他的掌心。他忽然悔悟了，披衣而起，快马加鞭赶往寺里。

"师父，您肯饶恕我，再收我做徒弟吗？"方丈深深厌恶他的放荡，所以摇头说："不，你罪孽深重，必堕入地狱。要想佛祖饶恕你，除非连桌子也会开花。"浪子失望地离开了。

第二天早上，方丈一踏进佛堂就惊呆了。一夜间，佛桌上开满了大簇大簇的花朵，每一朵都芳香逼人。佛堂里一丝风也没有，可那些盛开的花朵却簌簌急摇，仿佛在焦灼地召唤着谁。方丈顿时大彻大悟，连忙下山去寻找浪子，却已经来不及了。心灰意冷的浪子又重新堕入了他过去的荒唐生活中。

而佛桌上那些花朵也只开放了短短的一天。是夜，方丈圆寂，他的临终遗言是：这世上没有什么歧途不可以回头，没有什么错误不可以改正。

金无足赤，人无完人，人非圣贤，孰能无过？俗话说："浪子回头金不换。"一颗真诚向善的心，是最罕见的奇迹，好像佛桌上开出的花朵。而让奇迹陨灭的，不是错误，而是一颗冰冷、不肯原谅、不肯相信的心。

佛门之所以慈悲，是因为佛门中人以佛眼观世，平等地看待众生。先有平等，才有真正的慈悲。人心本善良，即使作了恶，只要有心向善，就是最值得欣慰的事。在社会这个大家庭里，我们不要戴着有色眼镜看人，要发扬自己的善行，更要帮助走入歧途的人。一个人只要自己觉悟到自己的过错，那么他就是一个善良的人，就应该得到人们的宽容和谅解，就应该得到大家的关爱。

佛家劝诫："人褊急我受之以宽容，人险仄我待之以坦荡。"一个真正心胸宽广、心怀慈悲的人必定能理解这些话语，因为他领略过心如碧海的境界。那种境界是远离愤恨、恼怒、不甘、怨尤等种种负面情绪的地方，是最接近极乐的地方。

一个微笑可以化解仇恨，并引起善意的因缘。与人相处时，我们要友善地接纳对方，真诚地帮助对方。人人都可能犯错，如果能够平等地对待犯错的人，并且给他一个改过自新的机会，那么我们往往能够挽救一个人的灵魂。人在这个世界上生活、工作，就难免会犯错误；其实错了并没有什么，知错能改才是最重要的。当别人犯了错误的时候，我们应以宽容的心态来对待他们，给他们反省的机会。以慈悲心助人，用善心化解人心的阴霾，这样才能真正度化身边的人。

慧心智语

一颗真诚向善的心，是最罕见的奇迹，好像佛桌上开出的花朵。而让奇迹陨灭的，不是错误，而是一颗冰冷、不肯原谅、不肯相信的心。

【第九章】

心存善念，身体力行

世间是一半一半的世界，善的一半，恶的一半，我们当然要用善的那一半，去净化恶的一半。心怀善念，日日是好日；邻里和睦，处处是净土。好心一起，一切吉祥如意；恶念一生，百万障门开启。懂得付出，不计较吃亏，才是富有的人生。若能被人需要，为人付出，那就是最幸福的人生。

播一颗花种，收一园花香

何谓因果？因者就像种子，被种在泥土中，将来可以结出果实；果者譬如果实，先要有种子的发芽，然后才能渐渐地开花结果。这正如我们一生的所作所为，有善有恶，不好的行为必然导致不好的结果，而好的行为也自然会带来好的结果。所以，要想避凶得吉，消灾得福，我们就必须多种善因，努力改过从善，如此，将来才能够获得吉祥福德的好结果。

因果报应是佛法教义中非常重要的一部分，而且是佛法世界观、人生观的精华所在。因果，最简单的解释，就是种什么因，得什么果，这是自然界的普遍法则，在佛教教义体系中，因果是用来说明世间一切关系的基本理论。因是能生，果是所生，也就是能引出果的是因，由因而生的是果。世界上没有任何一种结果不是由它的原因所生成的，正所谓“种瓜得瓜，种豆得豆”。

因果报应是有其规律的，佛教里把因果称为因缘果报。打个比方，因就是我们所有的思想、言论、行为，这个因就如同种子一样，当遇到适宜的土壤、阳光、养分之后种子就会生长，开花结果。土壤、阳光、养分，这些能够促成种子生长的因素，就是缘。当我们自己种下的因遇到适合的条件就会产生一个结果，这个结果就是我们所说的报应——果报，它会体现在我们的现实生活中。由因到果的这个过程就是因缘果报。我们现在所处的环境、接触的人、享受的事物，无不是从前我们种下的因，遇到了适当的缘而结成的果。而我们现在的所想、所言、所行，又依然会成为新的因，将来也一定会有相应的结果。

这里需要注意的是，因果报应与宿命论是截然不同的，这一世的生命发展，可以由不同的努力（不同的因），得到不同的发展（不同的果）。“事在人为”、“人定胜天”便是这种因缘果报。

由于佛法有因果关系一说，所以由此衍生出有业有报的说法，进而又形成了因果报应的说法。业是一种行为，主要有善、恶两种。不论做了善

行还是恶行，将来都会有结果。由于一般人“近视眼”的关系（这种近视不是眼睛的近视，而是认识的近视、智慧的近视），他们往往认为，干好事，干完就结束了；干坏事，只要没有受到法律的惩罚，干完也就完了。但是佛法认为，一个人做了善的行为，或者不善的行为，将来都是会有结果的，所谓“善恶到头终有报，只争来早与来迟”。至于结果什么时候产生，这只是时间的问题，有可能是现生受报，有可能是来生受报，乃至要经过更多次的受生，什么时候条件成熟了，什么时候就会产生结果。

一个人在干了好事或坏事之后，心里会留下一种影像。所以，干坏事的人一天到晚不得安宁，干好事的人心安理得。也就是说，一个人干好事或坏事的行为会回归到他自己的思维里，佛法把那些好事或坏事叫做种子。当我们干好事或干坏事的时候，我们就种下了善的或恶的种子。此外，善恶的行为还会产生不同的社会效应。当我们伤害一个人时，对方不是受到伤害就完事了，他会怀恨在心，甚至等待机会报复，一旦因缘成熟，他内心的种子就会跟客观条件产生感应，这时，果报就成熟了。

印度有一个婆罗门阶层的富翁，家财万贯，膝下有一独子，年方二十，刚娶媳妇未满七天时，富翁的儿子为了讨爱妻开心，爬上树摘花，没想到却摔死了。

当时，全家人抱着男子的尸体哭得呼天抢地，悲痛欲绝，大骂上天不长眼睛。等依俗送葬后，全家仍然沉溺在悲伤之中。

佛陀知道后，悲悯这一家人，便前去看望，劝慰富翁说：“万物万事都是无常的，有生就有死，祸与福相依，现在这个孩子死了，但有三处众生为他哭泣，你知道他究竟是谁的儿子，谁又是他的双亲吗？”

富翁不明佛陀之意，停止哭泣，请求佛陀开示。

佛陀说道：“很久以前，曾经有一个孩童手拿弓箭，来到一棵树下，仰着头搭起弓箭准备射鸟，当时旁边有三个孩童大声叫好，这孩童就得意地拉起弓箭，一箭就把树上的鸟儿射死了。旁边的孩童看了，都不禁为他欢呼鼓掌。

“后来经过无数劫的生死轮回，那树下的三个孩童，一个有福报，现于天界为天神；一个在海中为龙王；另一个就是你。在树下射鸟的那个孩童有一生在天界为天神之子，然后转生人间成为你的儿子，摔死之后，马上投胎化生为龙子。然而，在他投胎刚化生时，就被大鹏鸟吃了，而那只大鹏鸟，便是以前被他所射中的那只鸟所化生的。

“现在，有三处在为这个儿子哭泣，一个是天神，一个是你，一个是龙王，你们都因为他曾是你们的儿子而伤心欲绝，这全是因为在前生你们鼓励他射鸟杀生，并为他欢喜，而今生你们三个注定要为他哭泣，这全都是报应啊！”

有什么样的因，就会有什么样的果。

在现实社会中，我们常常看到好人没好报的事例，便觉得做好事并没有益处。其实，因果之间并不是简单的对应关系，其中还有客观条件是否成熟的问题。而且，所谓的好报也不只局限于现实的利益。另外，倘若做好事完全只是为了得到善报，那么，这种善也是需要考量的。

“爱出者爱返，福往者福来。”这是佛家对善念的推崇。为他人奉献善心，为社会造福祉，他人和社会必定以善回报我们。人们往往忽视了自己也是需要付出的，而只去一味寻求结果，最后使自己不分青红皂白地怨天尤人，抱怨自己没有得到善报。

种善因，便能得善果，任何一种真诚而博大的爱都会在现实中得到应有的回报。福往与福来恰是一对因果，追前因，才能逐后果，不执着于世俗的成果，才能找到人生的真谛。

慧心智语

任何一种真诚而博大的爱都会在现实中得到应有的回报。

一言之善，暖于布帛

语言是人类表达思想、体现信仰的重要工具，是沟通人际关系的重要桥梁。人们都是通过语言来交流情感、加深友谊的。因此，语言表达的善与恶直接影响了情感交流及人际交往。

善意的语言往往意味着我们能透过表面的缺陷，看到别人的优点，消除他人的不是；善意的语言能把大事化小、小事化了；善意的语言还能平息纷争、和睦邻里、团结众人。很多时候，一句善意的话，能引导一个人弃恶向善，能感化他的心，点燃他的自信，给他无穷的力量。

盘珪禅师备受大家尊崇。有一次，他的一个弟子因为行窃被人抓住，众人纷纷要求他将这个学生逐出师门，但是盘珪并没有那样做，他用自己的宽厚仁慈之心原谅了那个弟子。

可是没过多久，那个弟子竟然又因为偷窃被抓，众人认为他旧习难改，要求将他重罚，但盘珪禅师还是没有处罚他。其他弟子不服，联合上书，表示如果再不处罚这个人，他们就集体离开。

盘珪看了他们的联合上书，然后把弟子都叫到跟前，说："你们都能够明辨是非，这是让我感到欣慰的。你们是我的弟子，如果你们认为我教得不对，完全可以去别的地方，但是我不能不管那个行窃的弟子，因为他还不能明辨是非，如果我不来教他，那谁来教他呢？所以，即使你们都离开了我，我也不能让他离开，因为他需要我的教诲。"

那位偷窃者听了盘珪禅师的话，感动得热泪盈眶，心灵因此得到净化，从此再也不偷别人的东西了。

这便是善良的力量，一言之善便能挽救一个误入歧途的灵魂。古语云："与人善言，暖于布帛。"一句充满善意的话语就可能充满无形而巨大的力量，它不仅可以暖人心脾，而且能给人以希望和信心。

善言必然是发自内心的善意，一个话语间充满善意的人必定是一个内心充满仁慈、善良的人。而这种发自内心的善意通过善意的语言表达出来则最能打动人心。佛法是极其讲究善良的，劝人向善便是其中一大教义，而且这种善不仅仅表现在言语上，更表现在对恶的包容与纠正上。

一个年轻人到深山中找一位禅师谈佛论道，正在二人谈论德行时，一个强盗来找禅师问道。

“禅师，我做了很多坏事，终日寝食难安，无法摆脱心魔，我该如何是好？”强盗苦闷地问道。

禅师说：“我是无法令你解脱的，因为我的罪孽比你更深重。”

“怎么会呢？我做了很多坏事！”强盗说。

“我也做了很多坏事。”禅师说。

“我杀了很多人，一闭上眼睛，我就能看到他们的死状。”

禅师答道：“我也杀了很多人。一闭上眼睛，我也能看到他们的死状。”

强盗继续说：“我做了很多天理难容、毫无人性的事。”

禅师说：“我也一样，迄今为止，我都不敢想象我曾经做的那些丧尽天良的事情。”

强盗听了禅师的一席话，突然露出鄙视的眼神，骂道：“既然你是这么一个人，那你为什么还自称禅师在这里骗人？你是个道貌岸然之徒，我还找你做什么？”于是，强盗起身离去，边走边说：“原来有人比我还坏，我以后再也不做坏人了！”

年轻人不解地问禅师：“我知道您是得道高僧，您过去从未杀生，可为什么要对那强盗说您是个十恶不赦之人呢？”

禅师微笑道：“虽然他已不再相信我，但是他已经得道了啊！”

禅师不惜毁坏自己的声誉而成就人世间的善，这就是佛家规过劝善的不着痕迹之处。

自古善恶全由人心一念来决定，成佛还是成魔，只在刹那之间。我们千万不要小看别人的一言之善，也许别人的一句话就能帮我们渡过心灵的难关。同样，我们也不能吝啬自己的一句美言和规劝，也许我们的一句话就将成为拯救别人的梵音。

有时，无声的善行反而不如一句温暖的善言。因为无声的善行如春雨，只能慢慢浸入人的心扉，而一句充满善意的话却如春风，一下子就吹开了人的胸怀。在做善事时，我们不要吝啬语言的付出，因为说出一句善言，我们就能从别人那里收获一份善意。

慧心智语

无声的善行如春雨，只能慢慢浸入人的心扉，而一句充满善意的话却如春风，一下子就吹开了人的胸怀。

助人之乐，在于给人快乐

在佛陀眼中，众生都有佛性，因此，佛持一颗平等心普度众人。但是，这种平等心并不是度人方法上的平等。度人必须应机施教，众生有许多烦恼，且人人的心念都不同，必须因时因地、运用适合众生根机的方法来化导众生，使教法深入其心，这是度人的关键。

我们平日帮助他人也是如此，必须因时因地、用适当的方法来帮助对方。帮助他人，不能居高临下，而要顾及他人的感受，使善行真正到达人心。助人是一种无私的举动，在帮助别人的同时，我们自己也能收获快乐，但是真正的助人之乐，要能带给别人快乐。

大迦叶尊者喜欢向贫穷的人乞食，而不喜欢向有钱人乞食。

一天，尊者在准备乞食前，先入定观察应该给哪里的穷人种福田，观察后即来到王舍城中。他看到一位老母最为贫困，她住在茅厕中，身体羸弱又有疾病，孤苦伶仃、无衣无食，只能用小篱笆遮挡身体。

尊者知道她由于往昔没有种福田所以今生贫穷，又知道她近日即将寿终，心想自己若不度她，那她就再也没有种福田的机会了。这天，老母饥渴困乏，见到一位长者要丢弃一些已经酸臭的米汁，随即拿着破瓦盛了回来。

大迦叶尊者来到老母的住处，说："你若布施给我，那你可以得到大福报。"

老母回答："我又病又穷，无衣无食，并非我不愿布施，实在是没什么可以布施的呀！"

尊者说："佛是三界至尊，我是他的弟子，想要解除你的饥饿贫困，所以向你乞食。如果你能把衣食分少许布施给我，那你即可从饥贫中解脱，来世得到豪富。"

老母说："诚如您所说，我前世没有修福，所以今生住在粪窟中，无衣无食，虽想布施却无能为力啊！"

尊者说："你说饥饿贫穷无以布施，如果你有布施的意愿，则不能说是贫穷了，如果再有羞惭之心，就是穿着法衣了。世上有的愚人，虽然锦衣、财宝、谷物众多，却无惭无愧不知布施，福报尽后就要受贫穷的果报了。如果你这么贫穷还能布施修福，那就是稀有难得，要相信布施必能获福啊！"

老母听尊者说完后，心里很欢喜，想起自己得到的臭米汁，想要布施又担心没法喝，于是问尊者："您可以慈悲地接受我的布施吗？"

尊者回答："很好！很好！"

老母即取来米汁，由于没有蔽体的衣服，只能侧着身子隔着篱笆把米汁递给尊者。尊者接受了米汁后，即祝愿老母获得福报安康。

尊者心想，如果我把米汁带到别处喝，那么老母也许会不相信，认为我把米汁丢弃了，想到这里，他随即当着老母的面把米汁喝了。于是，老母生起了真实的信心。尊者又想，我当显现神通令老母增加信心。随即，他隐没地下又飞上虚空，身出水火，变化种种。老母看到如此神变后欢喜不已，诚心地跪在地上遥视尊者。

尊者问老母："你有什么心愿？"这时，老母厌离世间之苦，向往天上的快乐，就向尊者说："我愿以此微福得生天上。"于是，大迦叶尊者忽然隐没不现。数日后，老母寿终，即转生到忉利天上，威德巍巍，震动天地。

帝释天主释提桓因很惊讶，不知是什么人有此福德，心想，该不是这里还有人在我之上吧？于是，他以天眼观察，才得知是因为这个天女的福德。释提桓因问天女："你从何处来？是修了什么大福德，才有如此大的光明和威德？"

天女回答："我原本在粪窟中住，又老又病，无衣无食，因为供养了释迦佛的大弟子大迦叶尊者一点臭米汁，然后发愿生天，所以现在生到此处。"

大迦叶尊者为度一位老母而喝下臭米汁的善行，可谓是功德无量之举。大迦叶尊者在度人时，时时顾及对方的心情，因此才能让贫穷的人不以贫穷为耻，才能让臭米汁成就无量的福报。

要想帮助别人，必须有足够的诚意，因为真正的诚意会让人顾及他人的想法，不仅能够帮助别人解决实际的困难、实现他们的愿望，还能够让他人在受到帮助的过程中生出一种发自内心的愉悦。

在现实生活中也是如此，我们身边的人，无论是何种身份、地位、年龄和性别，在陷入困境时都希望得到帮助，但绝不希望被人施舍。所以，在帮助他人时，我们应时时记得顾及他人的感受，要有方法地助人，而不要让美好的善行变成一场炫耀自己善心的表演。我们在助人为乐时，既要让自己快乐，又要让别人快乐，因为只有这样才算真正的帮助。

慧心智语

我们在助人为乐时，既要让自己快乐，又要让别人快乐，只有这样才算真正的帮助。

存善念，行善行

佛家提倡普度众生，具有“我不入地狱，谁入地狱”的献身精神。相传，地藏菩萨曾为长者子。当时，一佛者路过。长者子见他佛相庄严，便心生敬慕，问他如何获得如此宝相。佛答：“欲得此相，为当久远济度一切苦恼众生。”于是，长者子发下大愿：“我从今日至未来劫，悉令一切苦恼众生脱离苦海时，然后我方成就佛果。”意思便是，直到普度众生，实现众生脱离苦海，自己才能成佛。地藏的这番大慈大悲，是真正的慈悲。他不是置身事外说说而已，而是真正躬身实践，舍弃一切来爱众生、度众生，半点杂质不掺，也没有任何附加条件。而这便是佛的无私无我之慈悲。

一个官吏问赵州禅师：“和尚会进地狱吗？”

赵州禅师回答：“老僧第一个进！”

官吏不解地问：“你是得道高僧，修行这么好，怎么会进地狱呢？”

赵州禅师回答道：“我不下地狱，谁来教化你？”

赵州禅师为弘佛法，接引众生，一生行脚天下，浑然不顾其中的艰辛凄苦，一心只为度化万民，行到八十岁才停下脚步。

“但愿众生得离苦，不为自己求安乐。”赵州禅师这种不计一己幸福的慈悲便是菩萨的慈悲、佛的慈悲。只看赵州禅师，便可知禅宗的情怀，不在于洁身自好，而在于毫无保留、不带任何附加条件地帮助别人。

真正发菩提心的人，无论是菩萨低眉，还是金刚怒目，都是为了使众生从悲苦中脱离。所以赵州禅师甘舍肉身，入地狱度被人世间贪、嗔、痴、恨捆绑的灵魂。

佛经里有一句：“诸恶莫作，众善奉行。”这句话听起来简单，做起来却不容易。我们都知道做人要向善，然而，要真正行善，并不是口头上说说就可以做到。

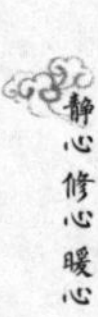

唐代智舜禅师一直在外行脚参禅。有一天，他走累了，在山上的树林

里打坐歇息。突然，一只野鸡仓皇地向他飞来，浑身血迹斑斑，翅膀上还带着一支箭。随即，一个猎人气喘吁吁地追赶过来。野鸡逃到禅师面前，禅师用衣袖掩护着这条虎口逃生的小生命。猎人向禅师索要野鸡："大师，请将我射中的野鸡还给我！"

禅师带着耐性，无限慈悲地开导着猎人："它也是一条生命，你放过它吧！"

猎人不同意，反驳道："我又不是和尚，才不讲什么生不生的。你要知道，我们一家老小好久没有吃肉了，而那只野鸡正好可以当我们的一盘美味！"

猎人坚持要得到那只野鸡，禅师最后没有办法，拿起行脚时防身的戒刀，把自己的两只耳朵割了下来，送给固执的猎人，说道："这两只耳朵，够不够抵一只野鸡？分量虽然少了点，味道应该不错。你就拿回去尝一尝吧！"

猎人惊呆了，他的心被禅师的慈悲行为感化了。于是，他走到禅师面前，表示愿意追随禅师，接受教诲。

禅师的心是慈悲的，为了救一只野鸡，他甘愿舍弃自己的双耳。一般人的心也有善的一面，只要心存善念，并且像禅师一样身体力行，那么即

使从来没有学过佛，一个人也一样可以被称为菩萨。

古语云："人生一善念，善虽未为，而吉神已随之。"意思是说，一个人只要存有善心，那么即使他还没有去付诸实践，吉祥之神也已在陪伴着他了。为使他人免除灾难，而不惜自己忍受痛苦的人，怎么会得不到上天的眷顾呢？

人与人之间只要有分毫的善念存在，就会像山谷的回音一样，在山间荡漾，经久不绝。用不求回报的真心去爱护和赞美别人，得到的通常是善意的回报。倘若恶语相向，那么得到的将会是被辱骂、报复的恶果。爱出者爱返，福往者福来，这是一个无上的真理。

慧心智语

人与人之间只要有分毫的善念存在，就会像山谷的回音一样，在山间荡漾，经久不绝。

【第十章】

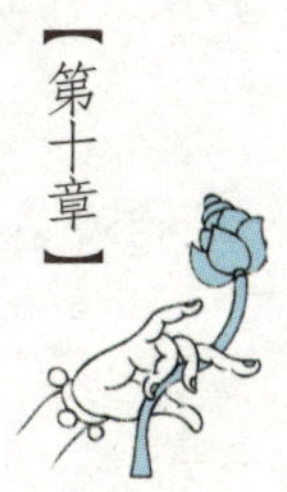

用惭愧心看自己，用感恩心看世界

人活着一天，就是福气，就该珍惜。每个人都拥有生命，但并非每个人都懂得生命。对那些不珍惜生命、不了解生命的人来说，生命是一种惩罚。在生活中，倘若能用惭愧的心看待自己，用感恩的心看待世界，感谢一切顺境、逆境，那么我们便能自造福田，自得福缘。

能知福，也能造福

佛教的根本教义是缘起法。所谓缘起，即诸法皆由因缘而起。在佛法看来，任何现象都是由一定的因（起根本、内在作用的条件）、缘（起辅助、外在作用的条件）集合而生起、变化和消亡的。

一言以蔽之，一切现象都是特定条件的暂时集合，既像车子是由各种零件组合而成，又像三捆芦苇互相支撑而得坚之，若去其一，余二则倒，若去其二，余一则倒。佛曾为缘起下了这样的定义：若此有则彼有，若此生则彼生；若此无则彼无，若此灭则彼灭。因缘的妙就妙在它的不可思议，这个世界上并没有所谓的偶然，而只有伪装或偶然的必然。正因为因缘如此复杂，所以我们很难看清它或者把握它。

有一天，马胜比丘在托钵行乞的时候，遇见了婆罗门大学者舍利弗（后成为佛十大弟子之一，智慧第一）。

舍利弗看见他容貌威仪，不同常人，便问他向谁学道，教义如何。

马胜比丘便说出了一首偈：“诸法因缘生，缘谢法还灭，吾师大沙门，常作如是说。”

舍利弗听了很高兴，回去向目犍连（后成为佛十大弟子之一，神通第一）说了，两个人便携其弟子一起皈依了佛。

佛度有缘人。其实，很多的事情，在看似偶然的背后都深深地隐藏着必然，而必然又等待着偶然来成全。也许，这就是缘之妙不可言之处。因缘为因与缘之并称。因，指引起结果的直接的、内在的原因；缘，指外来的相助的间接原因。简而言之，产生结果的一切原因总称为因缘。万物皆因因缘之聚散而生灭，即缘起缘灭。

一个人的缘起关系——个人是存在于与周围环境的关系之上的。个人常常受外界善恶的影响，同时也不断地影响周围。例如一个学生受同学、长辈、老师等的影响，从而形成自己的人格。所谓“近朱者赤，近墨者黑”，不管是家庭、学校、公司，还是地方团体、国家，我们时时刻刻都置身其中，受它们的感化、影响，同时也予以它们善恶的影响。这种与周围环境的相互关系，就是相依相成的缘起关系、有机的连带关系。

作为芸芸众生中的一员，我们应当珍惜生活中的每一份因缘。正如赵朴初感叹因缘的巧妙诗句一样：“因缘不思议，新昌喜再来。眷眷佳客至，代代好花开。”

在漫漫的生命旅途中，我们应当且行且珍惜。因为珍惜，所以我们懂得尊重每一朵花的恣意开放，尊重每一个生命的独立与自由。因为知福，所以我们惜福。人与物、人与人，都会在一个特定的时空里相遇，一切皆是缘，惜缘即是惜福。

爱护人与人之间的感情，就要惜情；爱护才华横溢的人，就要惜才；爱护彼此之间的缘分，就要惜缘；爱护飞逝的时光，就要惜时；爱护自身的力量，就要惜力；爱护来之不易的福报，就要惜福，等等。

人活在因缘之中，不仅要知福、惜福，更要造福。已有的福缘是过去因缘造成的，珍惜生活中一点一滴的拥有，是对生活的一种尊重和感恩。然而，在珍惜当下的同时，我们也要为未来的福缘创造新的因缘。

所谓“种三亩福田，收一世福缘”，就是说人要为自己造福。没有福缘，珍惜又从何谈起？相反，只有在立身处世中时刻贯彻自己的信念，抱持一颗爱惜之心，懂得爱，能知福，才能广结善缘，为自己造福。

慧心智语

珍惜生活中一点一滴的拥有，是对生活的一种尊重和感恩。然而，我们在珍惜当下的同时，也要为未来的福缘创造新的因缘。

与人和气，处处都有善缘

美丽的鲜花，因为有了绿叶的依偎，才显得清丽与鲜润；蓝蓝的天空，因为有了白云的徜徉，才显得静穆与安详；宽广的大地，因为有了万物的拥抱，才显得和平与安然。

佛家对于“和”的理解，是指一切平顺，即在不惹天怒人怨的情况下，任何事情都可以忍让，以达到彼此交往和气共融的状态。与人交往时，任何事都退一步反省自身，以感恩之心看待对方，就能少一点计较，多一些和气。“恭敬而不符合礼就会劳倦，谨慎而不符合礼就会畏缩，勇敢而不符合礼就会作乱，直率而不符合礼就会尖刻伤人。”这也就是要人们在遵守礼法的前提下和睦相处。所以，一方面，“礼之用，和为贵”，“和”是目的；另一方面，一味地为和而和，不以礼来进行约束，不讲原则，也是不行的。所以，只有交际的双方“知和而和”，才能和衷共济。倘若只有一方去追求和睦，而另一方却十恶不赦，那么“和”只能是幻想。

把这种“知和而和”的观念应用于普通的人际关系的处理当中，就是既要团结，家和万事兴，和气生财，又要坚持原则，不搞庸俗的一团和气，不各怀鬼胎。随缘不能随便，当坚持处不可一味妥协求和。只有经常处于“知和而和”的状态，在团体中和谐相处，人们才能达到因和而长久的生存状态。

很久以前，在雪山脚下住着一只两头鸟，一头叫优波迦喽嗏，另一头叫迦喽嗏。两头鸟有一个生活习性，就是当一个睡觉时，另一个一定是醒着的，这样它才能观察外边的世界，知晓四周的动静。

一天，两头鸟在一棵摩头迦果树下休息，微风徐徐吹来，优波迦喽嗏渐渐进入梦乡，而迦喽嗏则悠然地看着万物。这时，一阵风起，带来了摩头迦果树的花瓣，花香也随之扑鼻而入，醉倒了迦喽嗏。它心想：这么香的花，要是能吃掉该多好啊！可是优波迦喽嗏还在睡觉呢！迦喽嗏望了望熟睡中的优波迦喽嗏，转念一想：没有关系的，我吃掉花，到了肚子里，优波迦喽嗏会和我一样，增加能量，蓄养精神的。这样一想，迦喽嗏没有等优波迦喽嗏醒来就独自吃了花朵。

没过多久，优波迦喽嗏醒了，接着，打了一个长长的饱嗝。它诧异地问迦喽嗏："你吃了什么美味的东西，令我感觉这样饱、这样舒服？"

迦喽嗏如实地回答了优波迦喽嗏："我吃了摩头迦果树的花朵，当时你正在睡觉，我想，反正我吃了花，你一样会有饱的感觉，所以就没有叫醒你。"

优波迦喽嗏听了这番话，很生气，心想：趁我睡觉的时候，你自己竟然吃好吃的。以后，我碰着好的东西，也要自己享用，不叫你。

过了一段时间，两头鸟正好在一片丛林中休息，优波迦喽嗏看到了一朵毒花，它想：我要吃掉这朵有毒的花，这样，我俩就一块儿死了。于是它对迦喽嗏说："今天你先睡吧！"迦喽嗏没有多想，没过多久就睡着了。

等迦喽嗏熟睡后，优波迦喽嗏吃了毒花。迦喽嗏醒来后，觉得浑身都不舒服，胃里一股恶臭的毒气，它问优波迦喽嗏："我睡觉的时候，你吃了什么东西吗？"优波迦喽嗏告诉了它自己吃毒花的事情，迦喽嗏责怪它

不该干出这样的傻事，但是再怎么责怪都没有用了，毒花的毒性很快发作，两头鸟最终含恨而死。

这是《佛本行集经》中的一个故事，像两头鸟这样紧密相连的人，在我们身边到处都是。亲人、朋友、同事、同学，甚至擦肩而过的陌生人，都是彼此生命中的共同体。人与人之间的每一场际遇都是不可多得的缘分，都值得用心珍惜。如果我们为了自己的利益，或是一时的仇恨而打破了共同体的和谐，那么我们就会像两头鸟一样，最后共同灭亡。

繁华世事蒙蔽了世人的心，所以我们常常被自己的情绪左右，变得不善于与人相处，变得因琐碎小事而斤斤计较。因此我们应当以惭愧之心时时反观自己，克制自私和不良情绪。一旦体悟到“和”的美好，那么我们的生活便会在那时那刻发生本质的变化。

慧心智语

我们应当以惭愧之心时时反观自己，克制自私和不良情绪。一旦体悟到“和”的美好，那么我们的生活便会在那时那刻发生本质的变化。

缘来不容易，缘走要珍惜

佛说：“前生要积累和修持多少缘分，才能成就一段婚姻，今生要多少宽容、体谅和关怀，才能相互扶持着走到白头偕老。”

一个人如果能清醒地认识自己和他人的关系，那么他就一定能够善待他人，尤其是自己的亲人、爱人。但现实往往恰恰相反，在遇到挫折或者内心烦乱的时候，人们最先迁怒的正是自己的亲人。

于是，生活中就有了喋喋不休的埋怨、争吵，有了伤心、烦乱。但人们冷静下来后往往会发现，争吵的早已不是最初的那件烦心事了。

绕了一个圈子，也没有找到想要的那份认可、那份同情、那份价值。所以，不要争吵。幸福不是争吵得来的。

俗世中的人，往往执着于一时的对与错，而不能站在另一个高度来看待彼此之间的关系以及对与错的真正意义。禅者正好相反，他们悟透了生命，能够帮助人们脱离嗔怒之苦。

仙崖禅师外出弘法，路上，遇到一对夫妇在吵架。

妻子：“你算什么丈夫，一点都不像男人！”

丈夫：“你骂，如果你再骂，我就打你！”

妻子：“我就骂你，你不像男人！”

这时，仙崖禅师就对过路的行人大声叫道：“你们来看啊！看斗牛，要买门票；看斗蟋蟀、斗鸡都要买门票；现在看斗人，不要门票，你们来看啊！”

夫妻仍然继续吵架。

丈夫：“你再说一句我不像男人，我就杀人！”

妻子：“你杀！你杀！我就说你不像男人！”

仙崖禅师：“精彩极了，现在要杀人了，快来看啊！”

路人：“和尚！大声乱叫什么？夫妻吵架，关你何事？”

仙崖禅师：“怎么不关我事？你没听到他说要杀人吗？杀死人就要请和尚念经，念经时，我不就有红包拿了吗？”

路人："真是岂有此理，为了红包就希望杀死人！"

仙崖禅师："希望不死也可以，那我就要说法了。"

这时，连吵架的夫妇都停止了吵架，双方不约而同地围上来听仙崖禅师和人争吵什么。

仙崖禅师对吵架的夫妇说道："再厚的寒冰，太阳出来时都会融化；再冷的饭菜，柴火点燃时都会煮熟；夫妻有缘生活在一起，要做太阳，照亮别人，要做柴火，温暖别人。希望贤夫妇互相敬爱！"

仙崖禅师就这样活用了禅。

古人说："十年修得同船渡，百年修得共枕眠。"这句话是如此的深情和富有禅机，它正是夫妻缘分的最佳写照。茫茫人海，找到彼此的唯一，是一件多么难得的事情。为何要因为一点小事就伤了大和气呢？

夫妻夫妻，唇齿相依，唇齿如此相近，免不了磕磕碰碰，所以夫妻之间发生争吵，实属正常。

俗话说："夫妻没有隔夜仇，床头吵架床尾和。"如果处理得好，那么争吵虽会在平静的生活中激起波澜，但往往在事情过后双方会加深对彼此的了解和体谅，乃至回味无穷。可惜，这种化解争吵的艺术并非人人都能掌握，甚至弄不好还会导致家庭的破裂。既然有些架非吵不可，那么我们就要试着学会去化解，至少要把其间的冲突减少到最低，使伤害降至最低，这样才能让我们过上幸福快乐的生活。

缘来不容易，缘走要珍惜。生活中的小事零零碎碎，虽说繁华纷杂，却是山花烂漫，芳草满地。偶尔清风拂过，虽动摇了虫草的关系，却无伤大雅，反而更添情致，这才是真正的夫妻生活。

只有珍惜来之不易的缘，用宽容、体贴和关怀来留住这份缘，我们才能体会到互相扶持、白头偕老的真意。

慧心智语

茫茫人海，找到彼此的唯一，是一件多么难得的事情。为何要因为一点小事就伤了大和气？

下篇

暖心

——心暖，则万千皆暖

【第一章】

爱上自己，是毕生浪漫的开始

懂得自爱的人才懂得自我尊敬。世界上的人，无论是贫贱还是富贵，因为自爱，才能保持做人的尊严和独立。一个自我嫌恶的人，不但会对自己和他人表现出漠不关心，同时还会丢掉所有感情和所有行动的基础。

生命里第一个爱恋的对象应该是自己

从小到大，我们所受到的教育都是“与集体、与他人相比，我不重要”。因为害怕来自别人的异样眼光，害怕被批判，我们不敢大声地说出“我很重要”。我们的地位或许很卑微，我们的身份或许很渺小，工作也可能并不出色，但是这些并不意味着我们不重要。重要不是什么伟大的词，它是心灵对生命的允诺。

其实，人最大的心病不是被人离弃，而是自我否定，不接受自己，而寻找别人爱自己。人的不完整不是因为失落了另一半，而是不懂自爱。很少有人能真正自爱，因为大多数人很难放下自我的执着，做到豁达从容。

作家素黑说：“自爱是生命最基本的原动力，像吃饭呼吸一样自然和重要，偏偏我们却失去自爱的本能，经常自虐危害自己。不爱自己，将不知道什么是爱，即使爱已站在你面前。可笑的是我们经常这样把爱赶走，然后埋怨爱从未出现过。爱的条件是先培养强壮的自爱能量，觉知和欲望管理的能力。当你还未真正爱过自己，感受过自由的流动爱恋状态时，所谓真正深爱，可能只是欲望的陷阱，无力自控的病态。爱是个人的修行，由自爱开始。最终能一生一世的，永远是自爱，没有比这更坚定不移、天长地久的爱情。”

真正的爱，需要自我完善，需要付出必要的精力，而我们的精力毕竟有限，不可能狂热地爱每一个人。在有限的生命里，有限的爱只能给予少数特定的对象，而这些特定的对象中首先应是我们自己。

学习自爱的第一步，就是要懂得在适当的时候过滤掉负面思想，代之以正面想法。先与自己建立良好关系，相信自己，相信自己内在有个神圣的空间，相信自己有能力自我改善。然后，感激身体对自己不离不弃，为自己默默地付出，散发内在的慈悲。要知道，对自己的生命完完全全地负责，才是真正的爱。

自爱也需要决绝和狠心。人们之所以不能做到自爱往往是因为太懦弱，宁愿花很多时间和精力叫苦，也不愿意行动来拯救自己。自爱是行动，马上行动。

懂得并学会爱自己，并不是夜郎自大的无知和狭隘，而是源自对生命本身的崇尚和珍重。这可以让我们的生命更为丰满和健康；可以让我们的灵魂更为自由和强大；可以让我们在无房无居的时候，在内心建造起我们自己的宫殿，成为自己精神家园的主人。

慧心智语

自爱是一切爱的基础，一个不懂得爱自己的人更加不会爱别人。

演好自己的角色，别太在意别人的眼光

诗人汪国真在小诗《自爱》中写道：“你没有理由沮丧 / 为了你是秋日 / 彷徨 / 你也没有理由骄矜 / 为了你是春天 / 把头仰 / 秋色不如春光美 / 春光也不比秋色强。”秋色与春光，在不同人的眼中有不同的美丽；正如别人看你，有的人看到了你的优点，有的人看到了你的缺点，而有时候你竟忘了，正是这优点与缺点组合成了一个真实的你。

意大利著名女影星索菲娅·罗兰就是一个能够坚持自己的想法、有主见的人。她16岁时来到罗马，要圆自己的演员梦，但她从一开始就听到了许多不利的意见。用她自己的话说，就是她个子太高、臀部太宽、鼻子太长、嘴太大、下巴太小，根本不像一般的电影演员，更不像一个意大利式的演员。制片商卡洛看中她，带她去试了许多次镜头，但摄影师们都抱怨无法把她拍得美艳动人，因为她的鼻子太长、臀部太“发达”。卡洛对索菲娅说：“如果你真想干这一行，就得把鼻子和臀部‘动一动’。”索菲娅可不是个没主见的人，她断然拒绝了卡洛的要求，她说：“我为什么非要长得和别

人一样呢？我知道，鼻子是脸庞的中心，它赋予脸庞以性格，我就喜欢我的鼻子和脸保持它的原状。至于我的臀部，那是我的一部分，我只想保持我现在的样子。”她觉得不应靠外貌而应靠自己内在的气质和精湛的演技来取胜，她没有因为别人的议论而停下自己奋斗的脚步。她成功了，那些有关她“鼻子长，嘴巴大，臀部宽”等议论都消失了，这些特征因为她反而成了美女的标准。在20世纪即将结束时，索菲娅被评为20世纪“最美丽的女性”之一。

索菲娅·罗兰在她的自传《爱情与生活》中这样写道：“自从我开始从事影视工作，我就出于自然的本能，知道什么样的化妆、发型、衣服和保健最适合我。我谁也不模仿，从不跟着时尚走。我只要求自己看上去就像我自己，非我莫属。挑选衣服的原理亦然，我不认为你选这个式样，只是因为伊夫·圣罗郎或第奥尔告诉你，该选这个式样。如果它合身，那很好；但如果有疑问，那还是尊重你自己的鉴别力，拒绝它为好。衣服方面的高级趣味反映了一个人健全的自我洞察力，以及从新式样中选出最符合个人特点的式样的能力。你唯一能依靠的真正实在的东西，就是你和周围环境之间的关系，你对自己的估计，以及你愿意成为哪一类人的估计。”

在世界上，没有任何一个人可以让所有人都满意。跟着他人眼光行动的人，会使自己的光彩逐渐暗淡。人要活就活在自己的心里，不必把别人的评论变成自己的负担。要知道，背上负担，人就很难轻松自在地远行。

人活着更需要充实自己，不要过于在乎别人的眼光，而忘了观照自己的内心。每个人都应该坚持走自己的道路，不要被他人的观点牵制。相信自己的眼睛、坚信自己的判断、执着于自我的选择，用敏锐的眼光审视这个世界，用心聆听、观察多彩的人生。

慧心智语

别太在意别人的眼光，做自己生活的主角，活出真性情！

不活在别人的价值观里

生活中，我们习惯了由父母、师长指点着升学、工作、恋爱……哪怕违背了自己心底的声音。但事实上，只有选择符合内心想法的生活，我们才能走得更远、飞得更高。我们习惯了忙忙碌碌地扮演自己的角色，观察别人的脸色；习惯了拿报纸上某个人的伟大成就与自己相比。其实只要确定自己的目标并相信自己的能力独一无二，我们可以活得很好。

他是一个美国式的英雄，几经起伏，但依然屹立不倒，就像海明威在《老人与海》中说到的，一个人可以被毁灭，但不能被打倒。他创造了“苹果”，掀起了个人电脑的风潮，改变了一个时代，却在最顶峰的时候被封杀，从高楼跌落谷底；但是12年后，他又卷土重来，重新开始第二个“史蒂夫·乔布斯”时代。

在斯坦福大学2005年毕业典礼上，乔布斯说：“你的时间有限，所以不要为别人而活。不要被教条所限，不要活在别人的观念里，不要让别人的意见左右自己内心的声音。最重要的是，要勇敢地追随自己的心灵和直觉，只有自己的心灵和直觉才知道你自己的真实想法，其他一切都是次要的。

“你是否已经厌倦了为别人而活？不要犹豫，这是你的生活，你拥有绝对的自主权来决定如何生活，不要被其他人的所作所为束缚。给自己一个培养自己创造力的机会，不要害怕，不要担心。过自己选择的生活，做自己的老板！”

史蒂夫·乔布斯一直都在以行动追求他的最爱，一直都在做自己的老板！是他缔造了苹果神话，成为众多企业家心中的偶像。

每个人都有自己的角色和人生，只有演好自己的角色，我们才会拥有快乐的人生。如果你想让自己快乐、幸福地生活，就要找到自己的角色，不要模仿别人。

有人对李开复给大学生的第五封信作过这样的阐释：

首先，不要被信条所惑，盲从信条是活在别人的生活里。意思就是说，不要学所谓的成功学，它不可能让你成功。当然其中可能有一些有益的话，但是仅此而已，因为当有益的话泛滥之时，有益就变成无益了。不要让任何信条变成你行动的指南、思想的束缚，你应该有自己的信仰，只有你自己的目标可以告诉你应该做什么，只有你自己的价值观可以告诉你怎么做。不要活在别人的目标里，更不要活在别人的方法里。你应该为自己的目标而活，而任何方法都是工具，不应该摆在第一位。

其次，每个人的时间都很有限，所以不要浪费时间活在别人的生活里。电视剧和电影要尽量少看，那是活在别人的生活里，而且是活在别人虚构的生活里；名人传记可以看一些，但不要多看，也不要看第二遍，因为你的人生道路是你独有的，不可能模仿别人来走自己的路；不要崇拜任何人，你是上帝的原创，不是任何人的复制品，因此你的生活也不能成为别人生活的附属品；不要活在自己的过去里，活在过去的人，是生活在别人的生活里——这个“别人”是过去的自己。

再次，不要让任何人的意见淹没你内在的心声。如果你经历过一些事情，你会发现，别人的意见不应该成为你做决定的最后依据。很多时候，别人的意见是错的，不为什么，只因为没有人比你更了解自己的情况，更重要的是，任何人的意见都出于他自身的价值观，而你不应该活在别人的价值观里。不要在意别人对你的看法，一千个人有一千个人的心理背景和价值观，你永远不可能调整自己让所有的人都接受你。你应该倾听自己内在的良知的声音，寻找属于自己的人生意义，然后勇往直前坚持到底。走自己的路，让别人去说吧！

最后，最重要的是拥有跟随内心和直觉的勇气，你的内心与直觉知道你真正想成为什么样的人。

你究竟是一个哲学家还是一个创业者，不是由别人来评定的，它只源自你的内在本质，你的本质是什么，你就应该成为什么样的人。而这一切，你只能靠自己的内心和直觉来发现，所以，你必须倾听自己内在的呼唤。

在这个世界上，人与人之间存在着差别，就像是两个酒杯一样，有大有小。但是，不管是什么样的酒杯，都只有在装上酒后才能够体现出它的价值和用处。人活在世上也是一样，不管外界用什么标准来评判我们，我们都只有听从内心的声音，用正直的行动努力地生活，去实现梦想，才能够找到人生的意义。

慧心智语

不为他人的言行而改道，活在自己的价值观里，才能做最好的自己。

放开手脚，做自己喜欢的事

一个人必须有自己真正爱好的事情，才会活得有意思。这爱好应完全出于自己的真性情，是被事情本身的美好所吸引，而非为了某种外在利益。

萨特在拒绝诺贝尔文学奖时说："当我在创作作品时，我已经得到了足够的奖赏，诺贝尔奖并不能够给它增加什么，相反的，它还会把我往下压。它对那些找寻被人承认的业余作家来说是好的，而我已经老了，我已经享受够了，我喜欢任何我所做的，它本身就是奖赏，我不想再要任何其他的奖赏，因为没有什么东西能够比我已经得到的更好。"

2002年，梭罗博物馆通过互联网做了一个测试，题目是《你认为亨利·梭罗的一生很糟糕吗》。为了便于不同语种的人识别和点击，他们用16种语言给出了这个测试题。到5月6日（梭罗逝世纪念日），共有467432人参加了测试，其结果是：92.3%的人点击了"否"；5.6%的人点击了"是"；2.1%的人点击了"不清楚"。

这一结果出乎主办者的预料。大家都知道，梭罗毕业于哈佛大学，他没有像他的大部分同学那样，去经商发财或走向政界成为明星，而是选择了瓦尔登湖。他在那儿搭起小木屋，开荒种地，写作看书，过着原始而简朴的生活。他在世44年，没有女人爱他，也没有出版商赏识他，生前在许多事情上很少取得成功。他一生都只是写作、静思，直到得肺病在康科德死去。

就是这样的一个人，世界上竟有那么多的人认为他的生活并不糟糕，是什么原因使他们羡慕梭罗呢？为了搞清楚其中的原因，梭罗博物馆在网上首先访问了一位商人。

商人答："我从小就喜欢印象派大师高更的绘画，我的愿望就是做一位画家，可是为了挣钱，我成了一位画商，现在我天天都有一种走错路的感觉。梭罗不一样，他喜爱大自然，就义无反顾地走向了大自然，他应该是幸福的。"

接着他们又访问了一位作家，作家说："我天生喜欢写作，现在我做了作家，我非常满意；梭罗也是这样，我想他的生活不会太糟糕。"后来他们又访问了其他一些人，比如银行的经理、饭店的厨师以及牧师、学生和政府的职员等。其中一位是这样给博物馆留言的：“别说梭罗的生活，就是凡·高的生活，也比我现在的生活值得羡慕。因为他们没有违背上帝的旨意，他们都活在自己该活的领域，都做着自己天性中想做的事，他们是自己真正的主宰，而我却为了过上某种更富裕的生活，在烦躁和不情愿中日复一日地忙碌。”

原来最有意义的活法很简单，就是做自己喜欢做的事。一个人只有遵循自己内心的意愿生活，才能够感受到生命的价值和快乐，并从中发掘到一颗知足常乐的心。

被称为全能艺人的张艾嘉，在少女时代，几乎没有人认为她是美女，她的上镜机会很少；而当她静下心来，真正了解到自己喜欢的东西是什么的时候，她慢慢开始绽放光芒。

在罗大佑的《童年》、《恋曲 1990》等经典歌曲影响和感动一代人之前，他是学医的，后来他发觉自己对音乐情有独钟，所以他弃医从乐。事实证明，他的选择是对的。

每个人要使自己成为什么样的人，选择什么样的前途，要靠自己的行动。勇敢地做自己喜欢的事，无须渴望旁人的承认。只要坚持做自己喜欢的工作，去享受它，真心实意地对待它。让我们跟着心灵的节拍走，找到自己真正喜爱的事，放开手脚去追求……

慧心智语

做你想做的事，说你想说的话，真实地面对自己，不要随波逐流。

【第二章】

转换情绪，拓展生命的张力

坏情绪有时无异于一场大火，会烧毁包括好东西在内的一切。坏情绪在导致别人遭殃的同时，也让自己变成了最大的受害者。转换情绪可以使自己冷静，然后做出正确的决定。

生命的张力首先在于正视脆弱

人生旅途中有风有雨，但我们心中要始终有个太阳，能够凭借强韧的生命力渡过生活中的惊涛骇浪。虽然直面问题往往使人感到痛苦，但如果不去解决，问题就会像山峦一样横亘在眼前，阻止我们成熟。

人的一生必然要经历生、老、病、死，必定要面对成长的烦恼、生活的磨难、前进的挫折、失去的痛苦……生命如此脆弱，脆弱的人生虽然让人难过，却也让人反思。没有人天生能够战胜脆弱，但应学着在漫长或短暂的人生中慢慢用行动证实自己的勇敢。

刘伟是2010年东方卫视《中国达人秀》的冠军，他的夺冠可谓是众望所归。虽然这位戴着黑框眼镜、身体孱弱、两袖空空的无臂冠军没有能力接过奖杯，但在“达人秀”的舞台上，人们记住了一个用脚趾弹奏钢琴的倔强身影。刘伟在舞台上说出的每句座右铭都掷地有声，表演结束后，他留下一句充满力量的话：“我觉得现在每个人心里最重要的就是珍惜你现在拥有的，努力去得到你未来想要的。因为自己经历了一些事情，有的时候需要告诉自己，走下去，至少我还有一双完美的腿。”

10岁时因触电意外失去双臂，19岁时，成绩优秀的他放弃高考，开始学习钢琴，只用了一年时间，就能够弹奏相当于手弹钢琴业余4级水平的钢琴曲《梦中的婚礼》；他凭借自己惊人的毅力追求着在常人看来不可完成的梦想。刘伟在遭到音乐学院校长的歧视后，说：“谢谢他能这么歧视我，迟早有一天我会让他看看。”

刘伟曾经说：

“我的人生只有两条路，要么赶紧死，要么精彩地活着。”

“我从来没有把自己当成特殊群体，就是你们用手做的东西，我用脚做，只是换了一种方式而已，没有不一样。”

“我能像正常人一样生活，养活自己，虽然我体会不到拥抱别人的幸福感，但我能够在琴声中感受到更多幸福。”

“在我的生命里不能缺少三样东西，水、空气和音乐。”

“一个男人，就应该为自己的梦想负责。”

刘伟面前的道路很宽阔：签约世界级经纪公司、出唱片、与其他世界达人一起赴拉斯维加斯的演唱会……但刘伟很淡定，“我一直是一个普通人，平时不喜欢和媒体打交道，但一位老师告诉我，我能让身边的人对他自己的人生观有所改观，所以如果有一天我能拥有这样的影响力，我愿意继续这么做。”

刘伟坚强、掷地有声的话感动了全世界，就像他经常告诉自己的那样，他从来不把自己当做弱者，失去双手也许让他看起来有点异样，但这不是人生悲观的理由。如果你正视生命中的脆弱，脆弱就不再那么可怕了。

慧心智语

下定决心向前走，失去什么都不能失去对生活的希望。只有如此，才能正视生命中的脆弱，不断进步。

用行动为抱怨画上休止符

夏季的炎热不免引来些许的烦躁，于是人们开始抱怨天气。但仔细想想，同样的夏季，同样的燥热，小孩为什么那么高兴，玩得不亦乐乎呢？儿时，这燥热的夏天不正是我们进入快乐天堂的季节吗？我们顶着大太阳和小伙伴们一起四处捕蝉，在温热的河水里打滚……不知外界的环境何时左右了我们的心情，生活中突然平添了许多烦恼。为何不能像小时候那样，用自己的行动去改变现状呢？

两年前，李翔从外地到上海打工，起初，他和公司其他的业务员一样，拿很低的底薪和很不稳定的提成，每天的工作都非常辛苦。当他拿着第三个月的工资回到家时，他向母亲抱怨说：“公司老板太抠门了，给我们这么低的薪水。”

慈祥的母亲并没有问薪水具体是多少，而是问他："你为公司创造了多少？你拿到的与你给公司创造的是不是相符？"他没有回答母亲的问题，但从此他再没有抱怨过老板，也从不抱怨自己，有时甚至感觉自己这个月做的业绩太少，对不起公司给的工资，进而更加勤奋地工作。

两年后，他被公司提升为主管业务的副总经理，工资待遇提高了很多。一天，他手下的几个业务员向他抱怨："这个月在外面风吹日晒，吃不饱，睡不好，辛辛苦苦，老板才给我1500元！你能不能跟老板提一提增加一些。"他问业务员们："我知道你们吃了不少苦，应该得到回报，可你们想过没有，你们这个月每人给公司只完成了2000元业绩，公司给了你们1500元，公司得到的并不比你们多。"业务员都不再说话。

几个月之后，他手下的业务员成了全公司业绩最优秀的员工，他也被老总提拔为常务副总经理，这时他才27岁。他去人才市场招聘时，凡是抱怨以前的老板没有水平、待遇太低的人一律不招，他说："持这种心态的人，不懂得反思自己，只会抱怨别人。"

抱怨只是暂时的情绪宣泄，它可以成为心灵的麻醉剂，但绝不是解救心病的良方。遇到问题时，抱怨是最坏的方法。

将抱怨化为上进的力量，才是面对困境的正确方法。有人说，如果一个人在青少年时就懂得永不抱怨的价值，那实在是一个良好而明智的开端。倘若我们还没修炼到此种境界，就要时常提醒自己：与其抱怨，不如用行动来改善你所不满的现状。

慧心智语

与其消极地抱怨，不如用行动解决问题，积极地面对人生。

应对生活，用微笑驱散阴霾

池田大作论人生观时谈道：“一个人面对人生，带着豁达开朗的笑容，这便是太阳，并且我希望这笑容是发自内心的。以这样的方式生活，愉快的东西便会一天天积蓄于心中。反之，若只是注视着人类的阴暗面，结果只能使令人生厌的阴森森的世界在你的心中扩展，使自己陷于失败的境地。”

微笑着去唱生活的歌谣。不必抱怨生活给予我们太多的磨难，不必抱怨生命中有太多的曲折。大海如果失去了巨浪的翻滚，就会失去壮阔；沙漠如果失去了飞沙的狂舞，就会失去壮观；人生如果仅仅是两点一线的一帆风顺，生命也就失去了存在的魅力。

微笑着，把每一次的失败都归结为一次尝试，不自卑；把每一次的成功都想象成一种幸运，不自傲。微笑着弹奏从容的弦乐，坦然地面对挫折，接受幸福，品味孤独，战胜忧伤。

在夹江县美丽的青衣江畔，人们常会看到一位无臂少女骑着自行车行驶在通往训练场的路上，她就是雷庆瑶。1993年，3岁的雷庆瑶不慎触电，失去双臂。她痛过，哭过，闹过，但最后凭着惊人的毅力和对美好生活的渴望，用双脚写出了精彩的人生。她成了一名优秀的残疾人运动员，在四川第六届残疾人运动会上夺得4银2铜，在全国残疾人游泳锦标赛上获得蝶泳50米第6名；她出演的电影《隐形的翅膀》感动亿万观众；上海世博会期间，庆瑶还用双脚表演了毛笔书法、绘画、绣花，博得了世界各地游客的赞叹。

在访谈节目《鲁豫有约》中，有一期叫《隐形的翅膀》，专门讲述了庆瑶的故事。手是我们飞向天堂的翅膀，没有了手，我们的生活怎么自理？而庆瑶却用自己的双脚改变了人生，甚至比一般人做得更好。而现场最令观众感动的是庆瑶的微笑，从节目录制开始到结束，庆瑶始终用笑容面对大家，在她的脸上丝毫没有苦难和悲伤。

上苍夺去了庆瑶“飞翔的翅膀”，但夺不走她的梦想。生活中有许多像庆瑶一样遭遇过不幸的人，而庆瑶面对挫折时的笑容、面对生活时的积极与乐观，使庆瑶脱颖而出，成为电影《隐形的翅膀》的女主角。

“每个人都有一双隐形的翅膀，用心凝望不害怕，终有一天会翱翔。让梦恒久比天长，留个愿望让自己想象。”每个人都应该像歌中唱的那样，张开我们隐形的翅膀，用微笑代替对挫折与苦难的抱怨。

慧心智语

带着阳光般的笑容迎接人生征途中的艰难使命，不管成与败，苦与乐，只要坦然面对，总会展翅翱翔。

别让悲观挡住了生命的阳光

人生如棋，在生命的尽头才能看透结局，只要还活着，就有挽回败局的可能！当埋怨日子苦的时候，你有没有好好想想，在这些难熬的日子当中，你认真对待过几天？

有位旅行者倚着一棵树晒太阳，他衣衫褴褛，神情萎靡，不时有气无力地打着哈欠。

一位僧人经过，好奇地问道："年轻人，如此好的阳光，如此难得的季节，你不去做你该做的事，却在这里懒懒散散地晒太阳，岂不辜负了大好时光？"

"唉！"旅行者叹了一口气说，"在这个世界上，除了我自己的躯壳外，我已一无所有，又何必去费心费力地做什么事呢？每天晒晒我的躯壳，就是我要做的所有事。"

"你没有家？"

“没有。与其承担家庭的负累，不如干脆没有。”旅行者说。

“你没有你的所爱？”

“没有，与其爱过之后空余怨恨，不如干脆不去爱。”

“你没有朋友？”

“没有。与其得到还会失去，不如干脆没有朋友。”

“你不想去赚钱？”

“不想。千金得来还复去，何必劳心费神动躯体？”

“噢。”僧人若有所思，“看来我得赶快帮你找根绳子。”

“找绳子干吗？”旅行者好奇地问。

“帮你自缢。”

“自缢？你叫我死？”旅行者惊诧道。

“对。人有生就有死，与其生了还会死去，不如干脆就不出生。你的存在，本身就是多余的，自缢而死，不正合你的逻辑吗？”

旅行者无言以对。

“兰生幽谷，不因无人佩戴而不芬芳；月挂中天，不因暂满还缺而不自圆；桃李灼灼，不因秋节将至而不开花；江水奔腾，不因一去不返而拒东流。更何况是人呢？”僧人说完，拂袖而去。

这是一个悲观者的故事，他之所以孤独是因为他没有用心去生活，没有用心去爱，所以没有朋友，没有家人。他只活在自己的躯壳里，没有生命的律动。

沉浮动静皆人生，如果我们总用效益坐标来判断人生的状况，前进为正，后退为负，上升为优，下沉为劣，那么，我们就永远不能读懂人生。星云大师说，追求幸福的过程，才是最幸福的。既然每个人的未来结果是相同的，均为赤条条来去无牵挂，那么还不如在追求一切的过程中好好享受，这才不枉在尘世走一遭。

慧心智语

生活中到处充满了阳光，只是我们有时用悲观遮蔽了双眼，误以为人生灰暗。让自己时刻沐浴在阳光中，便能把生活过出甜蜜的味道。

【第三章】

幸福如茶，需用关爱之水慢慢沏开

当你可以对自己说“我爱这世界，爱每一个人”的时候，其实你也正被这个世界和每一个人爱着。关爱就像那璀璨的星光，看似遥远，又那么亲近。

拆除冷漠的心墙，才能见到阳光

1935年，时任纽约市长的拉古迪亚，曾经在一个位于纽约贫民区的法庭上，旁听了一桩面包偷窃案的审理。

被控罪犯是一位老妇人，罪名为偷窃面包。在讯问她是否清白，或愿意认罪时，老妇人回答道：“我需要面包来喂养我那几个饿着肚子的孙子，要知道他们已经两天没有吃到任何东西了。”

审判长见市长在旁听，便答道：

“我必须秉公办事。你可以选择10美元的罚款，或者是10天的拘役。”

审判结束后，拉古迪亚从旁听席间站起身来，脱下帽子，往里面放进10美元，然后，面向旁听席上的其他人说：

“现在，请每个人捐出50美分。这是我们为我们的冷漠所付的费用，因为我们竟生活在一个要老祖母去偷面包来喂养孙子的城市与区域。”

没有人能够想象得出那一刻人们的惊讶与肃穆，在场的每一个人都默默无声地捐出了50美分。

老妇人看到孙子饿极了，才不得已去偷面包，可人们没有及时帮助她，反而将她告上了法庭，这是一种极大的冷漠。市长想借此机会教育市民，收起冷漠的外表，找回关爱之心。

在交往中，很多时候人们并不真诚，只是在应付。上班时，我们将自己关闭在一个狭小的空间内，只顾着忙自己的事情，懒得去关心别人；下班时，我们躲在自己的屋里，几乎不与邻居交谈。寂寞时一个人寂寞，开心时一个人开心，这便是冷漠。现代社会中，人们冷漠地看待世间万物，好像世界上除了自己，别人都不重要。

一位建筑大师阅历丰富，一生杰作无数，但他自感最大的遗憾是把城市空间弄得支离破碎，楼房之间的绝对独立加速了都市人情的冷漠。大师准备过完65岁寿辰就封笔，而在封笔之作中，他想打破传统的设计理念，设计一条让住户交流和交往的通道，使人们不再隔离，充满大家庭般的欢乐与温馨。

一位颇具胆识和有超前意识的房地产商很赞同他的观点，出巨资请他设计。图纸出来后，果然受到业界、媒体和学术界的一致好评。

然而，等大师的杰作变为现实后，市场反应非常冷漠，乃至创出了楼市新低。

房地产商急了，急忙进行市场调研。调研结果让人大跌眼镜，人们不肯掏钱买这种房的原因竟然是嫌这样的设计使邻里之间交往多了，不利于处理相互间的关系；在这样的环境里活动空间大，孩子不好看管；还有，空间一大，人员复杂，对防盗之类的事十分不利……

大师没想到自己的封笔之作会落得如此下场，心中哀痛万分，他决定从此隐居乡下。临行前，他感慨地说："我只认识图纸不认识人，这才是我一生最大的败笔。"

其实，需要拆除的不是隔断空间的砖墙，而是人与人之间厚厚的心墙。

摒弃内心的冷漠，才能传达出我们投放在这个世界的温暖。用心为这个世界以及这个世界上的人们提供炽热的爱，才能让灵魂变得温润。拆除冷漠的心墙，才能感受到温暖的阳光。

慧心智语

与人交往，打开心窗，才能感受到阳光的温暖。

生命因关爱而轻舞飞扬

生活中，我们常常会遇见这样的人，他们长相平凡，却魅力十足，谈吐之间闪烁着温暖的光芒，总是轻而易举地把周围的人吸引到他们的身边。每次和他们聊过以后，我们就会觉得好像沐浴在一道温暖的阳光里。

这便是爱的力量。

1942年寒冬，纳粹集中营内，一个男孩正从铁栏杆内向外张望。恰好此时，一个女孩从集中营前经过。看得出，那女孩同样也被男孩的出现所吸引。为了表达她内心的情感，她将一个红苹果扔进铁栏。那是一个象征着生命、希望和爱情的红苹果。

男孩弯腰拾起那个红苹果，一束光照亮了他尘封已久的心田。第二天，男孩又到铁栏边，尽管为自己的做法感到可笑和不可思议，但他还是倚栏而望，企盼她的到来；年轻的女孩同样渴望能再见到那令她心醉的不幸身影，她来了，手里拿着红苹果。

接下来的那几天，寒风凛冽，雪花纷飞，两位年轻人仍然如期相约，通过那个红苹果在铁栏的两侧传递融融暖意。

这动人的情景又持续了好几天，铁栏内外两颗年轻的心天天渴望重逢，即使只是一小会儿，即使只有几句话。

终于，这样的会面潸然落幕。这一天，男孩眉头紧锁对心爱的姑娘说：“明天你就不用再来了，他们将把我转到另一个集中营去。”说完，他便转身而去，连回头再看一眼的勇气都没有。

从此以后，每当痛苦来临，女孩那恬静的身影便会出现在他的脑海中。她的明眸，她的关怀，她的红苹果，所有这些都在漫漫长夜给他带来慰藉、带来温暖。战争中，他的家人惨遭杀害，他所认识的亲人都不复存在，唯有这女孩的音容笑貌留存心底，给予他生的希望。

1957年的某天，在美国，两位成年移民无意中坐到了一起。“大战时您在什么地方？”女士问。“那时我被关在德国的一个集中营里。”男士答道。

“哦！我曾向一位被关在德国集中营里的男孩递过苹果。”女士回忆道。

男士猛吃一惊，他问：“那男孩是不是有一天曾对你说，明天你就不用再来了，他将被转移到另一个集中营去？”

“啊！是的。可您怎么知道？”

男士盯着她的脸说：“那就是我。”

一阵沉默。

“从那时起，”男士说道，“我再也不想失去你。愿意嫁给我吗？”

“愿意！”她毫不犹豫地回答。

他们紧紧地拥抱在一起。

1996年情人节。在温弗利主持的一个向全美播出的节目中，故事的男主人公在现场向人们表达了他对妻子40年忠贞不渝的爱。

“在纳粹集中营，”他说，“你的爱温暖了我，这些年来，是你的爱，使我获得滋养。现在我仍企盼你的爱能伴我到永远。”

慧心智语

真正的关爱从心底出发，无须敷衍，这样会使你生活常有福报。

红苹果，是生命的颜色，是希望的象征。女孩的明眸化作温暖的关怀，鼓励着男孩勇敢地活下去，终于，他们谱写了40年忠贞不渝的爱情。他们的故事像童话，却又那么的真实，生命因有了爱而更加富有，因付出了爱而更有价值。

给心灵多一点阳光

关于幸福，每个人都有自己独特的解释和看法。在解读生命时，每个人也都有一套自己的生活哲学和处世智慧。作家焦桐说：“生命不宜有太多的阴影、太多的压抑，最好能常常邀请阳光进来，偶尔也要释放真性情。”爱若是生命的原动力，那觉悟就是生命的源头，而幸福就是阳光，活着，就是要寻找属于自己的阳光。

二战后，很多国家发生了不同程度的经济危机。在美国一座繁华的城市里，有一条人来人往的街道，有一个盲乞丐每天都在街边坐着。他总是笑眯眯的，每当感觉有人走近时，他就会友好地跟他们打招呼。大家非常好奇，为什么这个盲乞丐每天都如此快乐，他难道不为乞讨不到更多的钱而忧愁，不为自己的境况而悲伤吗？于是，有人猜测，那个乞丐不是凡人，所以无忧无虑；也有人说，他可能是个疯人院的疯子。终于有一天，一个年轻的小伙子按捺不住自己的好奇心，上前询问盲乞丐为什么每天都如此开心。盲乞丐开心地笑了，他说：“因为无论怎么样，我每天都能看到太阳从东方冉冉升起，看到世界是光明的，所以我就无比快乐。”小伙子很不解，又问道：“您分明是个盲人，怎么能看到太阳升起呢？”那乞丐说：“孩子，难道双目失明就无法看到这世上的阳光了吗？”

人生快乐与否，其实是一种感觉、一种心情。外部环境是一回事，我们的内心又是另外一种境界。如果我们的内心觉得满足和幸福，我们就会快乐；如果我们的心中充满灿烂的阳光，外面的世界也就处处充满阳光。

生命通过不同形式的传达，产生了不同的人生境界。生命承受不起太多的阴影，我们应为自己的心灵敞开一扇门，让自己通向更高层次的觉悟，让自己的生命得到更多的能量，最后，获得成功的人生。

慧心智语

幸福不在瞬间发生，也不受外在事件的操纵，而取决于我们对外界事物的理解，而每个人都是自我幸福的发掘者。

【第四章】

宽容处世，与豁达的自己相遇

古人说："大度集群朋。"一个人若拥有宽宏的度量，他的身边便会集结起大群知心朋友。宽容是一种无声的凝聚力，一种你看不见，却强大到足以挽救一个人的灵魂的力量。

宽容自己，正视遇到的挫折

有人常常哀叹"人生苦短，人生一去不复返"，却从来不懂得善待自己，总是将自己逼得很紧、很累，生怕生命潦草地度过。其实，有种幸福叫"宽容自己"，给自己松松绑，或许能让有限的生命在幸福中度过。

一天，一位老教授在王丽的班上说："我有句三字箴言要奉送各位，它对你们的学习和生活都会大有帮助，而且可使人心境平和，这三个字就是'不要紧'。"

王丽领会到那句三字箴言所蕴含的智慧，于是在笔记簿上端端正正地写下了"不要紧"三个大字，她决定不再让挫折感和失望破坏自己平和的心境。

后来，她的心态遭到了考验。她爱上了英俊潇洒的李刚，他对她很要紧，王丽确信他是自己的白马王子。可是有一天晚上，李刚温柔婉转地对王丽说，他只把她当作普通朋友。王丽以他为中心构想的世界当时就土崩瓦解了，那天夜里王丽在卧室里哭泣时，觉得记事簿上的"不要紧"那几个字看来很荒唐。“要紧得很，”她喃喃地说，“我爱他，没有他我就不能活。”但第二日早上王丽醒来再看到这三个字之后，就开始思考：到底有多要紧？李刚很要紧，自己很要紧，我们的快乐也很要紧，但自己会希望和一个不爱自己的人结婚吗？

日子一天天过去了，王丽发现没有李刚，自己也可以活得快乐。王丽觉得将来肯定会有另一个人进入自己的生活，即使没有，她也仍然能快乐。

几年后，一个更适合王丽的人出现了。在筹备婚礼时，她把“不要紧”这三个字抛到了九霄云外。她觉得不再需要这三个字了，她以后将永远快乐，生命中不会再有挫折和失望了。

然而，有一天，丈夫和王丽得到了一个坏消息：他们曾经投资做生意的所有积蓄，全部赔掉了。丈夫把消息告诉了王丽，她看到他双手捧着额头，感到一阵凄酸，心像扭作一团似的难受，王丽又想起那句三字箴言：“不要紧。”她心里想：“真的，这一次可真的是要紧！”可就在这时候，小儿子用力敲打积木的声音转移了王丽的注意力。儿子看见妈妈看着他，就停止了敲击，对她笑着，那笑容真是无价之宝。王丽的视线越过儿子望向窗外，在院子外边，她看到了生机盎然的花园和晴朗的天空。她觉得自己的心顿时舒服了，于是她对丈夫说：“一切都会好起来的，损失的只是金钱，实在‘不要紧’。”

我们不能控制际遇，但可以掌握自己；我们左右不了变化无常的天气，却可以调整自己的心情；我们无法预知未来，却可以把握现在。常对自己说声“不要紧”，宽容命运，也宽容自己。

慧心智语

看不开、放不开的不如忘记，因为有一种幸福叫“宽容自己”。

不要总是将自己摆在首位

探戈好看，但要跳好探戈绝非易事，探戈讲求韵律节拍，双方脚步必须高度协调，这需要和同伴相互磨合，苦练数年才能达到炉火纯青的境界。处世与跳探戈，有着许多异曲同工之处，亲子、朋友、同事之间，如果能用跳探戈的方式相处，知道适时进退，不要踩到对方的脚，且留意不让对方踩到自己的脚，这样，人与人之间就能和谐相处。

“我约好大家星期六一起去吃日本料理喔！”文文的朋友兴高采烈地打电话来约她。

文文说：“我帮大家订另外一家新开的法国菜好不好？我不太习惯吃日本料理。”

“这样啊，那么改天大家去吃法国菜的时候再约你咯！”

“好啊，谢谢你！”文文笑着说。

其实，是两天前的一个教训，让文文改掉了直接拒绝别人的坏习惯。那天，同事约文文一起去吃海鲜，文文却大声说：“吃海鲜？我没有兴趣。”结果，同事像被泼了一盆冷水，异常尴尬。还好同事大度，没有计较，还告诉文文：“以后别这样总把自己的喜恶摆在最重要的位置。要知道，你刚才的回答，很像一把大刀向我刺来。还好，我皮厚，没有受伤。”

“对不起！对不起！我以后会注意的。作为赔偿，今晚我请你吃饭，你想吃什么？”文文也觉得自己言行不妥，赶忙道歉。

“既然你要请客，那么你做主吧！我只负责吃。”同事回答道。

生活中，我们常常会遇到这种情况，被人邀请吃饭，而自己很忙或没有胃口，想找理由拒绝，却常常一不小心伤到对方。其实，只要我们把自己的情况委婉地说出来，朋友们都会理解的。

我们希望别人善待自己，就要首先善待别人，要将心比心，多给别人一些关怀、尊重和理解。人喜欢和宽容厚道的人交朋友，正所谓“宽则得众”。在交往中，我们对他人的要求不能太过分，不能强求于人，能让人时且让人。如果别人犯了错误，我们也不要嫌弃，要原谅别人的过失。

慧心智语

即使与朋友相处，也不能总是把自己的喜恶摆第一位，有时更需要倾听朋友的心声。

多念一遍“糊涂经”

所谓糊涂，就是不用想太多，不计较得失，纠缠于得失是人生的负担、枷锁。糊涂的人往往很快乐，他们不必费尽心机便可得到幸福，可以随时享受阳光。太过理性的人总是追着幸福跑，却是用尽全力也抓不住飘忽不定、转瞬即逝的幸福。

生活里难免有些摩擦，比如陌生人在地铁里挤到了你、同事不小心打碎了你的玻璃杯、朋友不经意地说了你不爱听的话……假如对生活中发生的每件事，我们都斤斤计较，那既无好处，又无必要，而且还将丧失生活的诗意。

某家政学校的最后一门课是《婚姻的经营和创意》，主讲老师是学校特聘的一位研究婚姻问题的教授。他走进教室，把携带的一叠图表挂在黑板上，然后，他指着第一张挂图，上面用毛笔写着一行字：

婚姻的成功取决于两点：一是找个好人；二是自己做一个好人。

“婚姻的成功就这么简单，至于其他的秘诀，我认为如果不是江湖偏方，也至少是些老生常谈的。”教授说。

台下有许多学生是已婚人士，不一会儿，一位30多岁的女子站了起来，说：“如果这两条都没有做到呢？”

教授翻开挂图的第二张，说：“那就变成4条了。”

第一，容忍、帮助，帮助不好仍然容忍。

第二，使容忍变成一种习惯。

第三，在习惯中养成傻瓜的品性。

第四，做傻瓜，并永远做下去。

教授还未把这4条念完，台下就喧哗起来，有的说不行，有的说这根本做不到。等大家静下来，教授说："如果这4条做不到，你又想有一个稳固的婚姻，那你就得做到以下16条。"

接着教授翻开第三张挂图。

第一，不同时发脾气。

第二，除非有紧急事件，否则不要大声吼叫。

第三，争执时，让对方赢。

……

教授念完，有些人笑了，有些人则叹起气来。教授听了一会儿，说："如果大家对这16条感到失望，那只有做好下面的256条了。总之，两个人相处的理论是一个几何理论，它总是在前面那个数字的基础上进行二次方。"

接着教授翻开挂图的第四页，这一页已不再是用毛笔书写，而是用钢笔密密麻麻地写了256条，教授说："婚姻到这一地步就已经很危险了。"

人可以做到两种糊涂，一是没有心计乐天知命的真糊涂，二是大智若愚的假装糊涂。所以，在一些非原则性的问题上，不妨糊涂一下，以恬淡平和的心境来经营你的婚姻。

慧心智语

难得糊涂，给爱一个容器，装下烦恼，装下忧愁，装下矛盾。

遗忘过去也是一种本领

遗忘是一种能力，对已经过去的无关紧要的事，要健忘一点。及时将这些东西像清理电脑病毒一样清除出去，不让它们在大脑中占用空间，否则就会死机，就得重装系统程序。一个人学会遗忘，就学会了如何健康地生活，就能让自己精力充沛地面对现在。

瑞典著名心理学家拉尔森说过这样一句话："心里存在'毒素'的人永远不会感觉到生活的美好，而排除'毒素'的最好方法就是学会遗忘。"

生命中，遗忘该遗忘的，保持心灵的一份宁静，轻松地活着总比带着怨恨活着好。我们是为了关心我们的人、为了我们自己而活着的，不是为了伤害我们的人而活。活着已经很好了，就让往事都随风而去吧。当然，发自内心地直面自己过去生活中所犯的错误、承认错误需要勇气，更是一种自知之明。承认错误并不是要我们惭愧，而是为了记住那些前车之鉴，以便更好地过今后的生活。

关心那些值得我们去爱的人，学会遗忘，就能体会到现在的美好。幸福不会因为你"无法遗忘"而驻足，勇敢地对自己说："一切其实都没有什么大不了的，如果无法放下，就选择淡忘。"

在现实生活中，我们常会看到这样一种现象：有些人记忆力总是特别好，把一些鸡毛蒜皮、零零碎碎的事都记得一清二楚，对什么事都斤斤计较、耿耿于怀，结果总是活得很不开心；一些人则看得很开，该忘的统统都忘记，精力充沛、朝气蓬勃、身心健康，为什么不像后者那样，活得快乐一点呢？遗忘不仅是一种风度，还是一种健康的生活方式。

慧心智语

为自己、为关心我们的人而活，不要为了伤害我们的人而活，放下过去，才能重新开始。

【第五章】

做人如水，学会柔性生存的艺术

生命中有两个目标：第一是追求你所要的；第二是享受你追求的过程。达到第二个目标的人无不是有着柔和性灵的人。不要以为做了惊天动地的事情，才是最光荣的。其实，珍爱每一天的阳光，善待每一种生命，开心地过每一天的生活，才是对生命最好的理解，才是柔性处世哲学。

多一点方圆，多一点韧性

人活在世上，无非是面对两大世界，身外的大千世界和自己的内心世界。人一辈子无非是做两件事，做事和做人。而怎么做事和怎么做人，从古到今都是人类探讨的课题。

做事要方，是说做事要遵循规矩、遵循法则，绝不可乱来，绝不可越雷池一步，就是我们常说的“无规矩不成方圆”、“有所不为才可有所为”。

做人要圆，这个圆绝不是圆滑世故，更不是平庸无能。而是圆通，是一种宽厚、融通，是大智若愚，是心智高度健全的成熟。不因洞察出别人的弱点而咄咄逼人，不因自己比别人高明而盛气凌人；任何时候也不会因坚持自己的个性和主张让人感到压迫和惧怕；任何情况都不会随波逐流，要潜移默化别人而又不会让别人感到是强加于人……这需要极高的素质，很高的悟性和技巧，也是高尚人格的体现。

有一个人在社会上总是不得志，朋友介绍他向一位得道大师寻求帮助。

他找到大师，倾吐了自己的烦恼。大师沉思了一会儿，默然舀起一瓢水，说：“这水是什么形状？”这人摇头：“水哪有形状呢？”大师不答，只是把水倒入一只杯子，这人恍然明白，道：“我知道了，水的形状像杯子。”大师不语，轻轻地拿起花瓶，把水倒入其中，这人又道：“哦，难道说这水的形状像花瓶？”大师摇头，轻轻提起花瓶，把水倒入一个盛满花土的盆中。水很快就渗入土中，消失不见了，这人陷入了沉思。这时，大师俯身抓起一把泥土，叹道：“看，水就这么消逝了，这就是人的一生。”

那个人沉思良久，忽然站起来，了悟似的，说：“我知道了，您是想通过水告诉我，社会就像一个有规则的容器，人应该像水一样，在什么容器之中就像什么形状。而且，人还极可能在一个规则的容器中消失，就像水一样，消失得迅速、突然，而且一切都无法改变。”

这人说完，眼睛急切地盯着大师，渴盼着大师的肯定。“是这样，”大师微笑，接着说，“又不是这样！”说毕，大师出门，这人随后。

在屋檐下，大师俯下身，用手在青石板的台阶上摸了一会儿，在一个凹陷处顿住。大师说：“下雨天，雨水就会从屋檐落下。你看，这个凹处就是雨水落下的结果。”于是此人大悟：“我明白了，人可能被装入规则的容器，但又可以像这小小的雨滴，改变坚硬的青石板，直到把石板破坏。”大师点头微笑。

做人当如水般柔软又坚硬，在应对社会生活时，要掌握要点；抓不住要点，再努力也是白费力气。多一点方圆，多一点韧性，便能在人生的舞台上游刃有余。

慧心智语

做人当如水，要柔中带刚，刚里带柔，方里见圆，圆中显方。

赞美要及时传递

著名的心理学家杰丝·雷耳曾说过："称赞对温暖人类的灵魂而言，就像阳光一样，没有它，我们就无法成长开花。但是我们大多数的人，只忙于躲避别人的冷言冷语，而吝于把赞许的温暖阳光给予别人。"

也许你坚持追求完美、优秀，不愿意轻易放弃自己的原则，但如果你渴望拥有朋友，那你就需要更多地把目光放在别人的优点上。

理发师傅带了一个徒弟。徒弟学艺3个月后，正式上岗，他给第一位顾客理完发，顾客照照镜子说："头发留得太长。"徒弟一时张口结舌。

师傅在一旁笑着解释："头发长，显得您含蓄，这叫藏而不露，很符合您的身份。"顾客听罢，高兴而去。

徒弟给第二位顾客理完发，顾客照照镜子说："头发剪得太短。"徒弟更加手足无措，不知如何应答。

师傅笑着解释："头发短，使您显得精神、朴实、厚道，让人感到亲切。"顾客听了，欣喜而去。

徒弟给第三位顾客理完发，顾客一边交钱一边笑道："花时间挺长的。"徒弟仍旧无言。

师傅笑着解释："为'首脑'多花点时间很有必要，您没听说，'进门苍头秀士，出门白面书生？'"顾客听罢，大笑而去。

徒弟给第四位顾客理完发，顾客一边付款一边笑道："动作挺利索，20分钟就解决问题。"

徒弟依旧不知所措，沉默不语。

师傅笑着答："如今，时间就是金钱，'顶上功夫'速战速决，为您赢得了时间和金钱，您何乐而不为？"顾客听了，欢笑告辞。

晚上打烊，徒弟怯怯地问师傅："您为什么处处替我说话？而我没一次让顾客满意。"

师傅宽厚地笑道："每一件事都包含着两重性，有对有错，有利有弊。

我之所以在顾客面前鼓励你，目的有二：其一，对顾客来说，是讨人家喜欢，因为谁都爱听吉言；其二，对你而言，既是鼓励又是鞭策，因为万事开头难，我希望你以后把活做得更加漂亮。”

徒弟很受感动，从此，他越发刻苦学艺，技艺日益精湛。

师傅的聪慧在于掌握顾客的特征，把握赞美的度，并及时传达赞美的语言。徒弟刻苦学习，是因为得到了师傅的肯定评价，于是怀着快乐心情来回报师傅对他的期待，这正是赞美的力量！

慧心智语

赞美可以说是人际交往中最便宜的“投资”，但赞美要像快递一样，在对的时间向对的人传递。

懂得低调的哲学，人生何必走偏锋

低调的人，有静若处子，动若脱兔的机敏；低调的人，温润如玉，暖人心窝；低调的人，不会献媚于人，重视自己的尊严；低调的人，不会颐指气使，知道尊重别人，道路会更宽阔。

闻名世界的大科学家爱因斯坦就是一个做人低调、处世简单的人。由于爱因斯坦平时的着装和修饰过于简朴，以至于有一次去参加演讲时，负责接待工作的人把他的司机当做了他本人，而把他当成了司机。他初到纽约时，身穿一件破旧的大衣，一位熟人劝他换件新的，爱因斯坦十分坦然地说："这又何必呢？在纽约，反正没有一个人认识我。"过了几年之后，爱因斯坦已成了无人不晓的大名人，这位熟人遇到了爱因斯坦，发现他身上还是穿着那件旧大衣，便又劝他换件好的，谁知爱因斯坦却说："这又何必呢？在纽约，反正大家都认识我。"

爱因斯坦从不摆世界名人的架子，吃东西非常随便，推导和演算公式常常用信纸的背面，并且，他还经常穿着凉鞋和运动衣登上大学讲坛，或出入上流社会的交流场合。有一次，总统接见他，他居然忘了穿袜子，但这并不影响他在总统和人民心目中的伟大形象。

大丈夫有起有伏，能屈能伸。起，就直上九霄，伏，就如龙在渊。漫漫人生路，有时退一步是为了越过千重山，或是为了破万里浪；有时低一低头，是为了昂扬成擎天柱，也是为了响成惊天动地的风雷。

在职场中，升迁要低调，不要太招摇。现代人讲究分享大众，我们在升迁时更不可以独居功劳，要把成就归于所有的人。一个人的本领大小不在于能力强弱，而在于能否和谐地与人相处。

不论做什么，自然一点就好，无须太沉默，亦无须太张扬。当你经历的事情多了，处理的事情多了，慢慢地，你也就懂得了怎么做人，懂得了什么时候该沉默一点，什么时候该张扬一些。

慧心智语

放低姿态做人，才能给自己涂一层“保护色”！

【第六章】

在寂寞中开出美丽的花朵

孤独是一种状态，寂寞是一种心境。寂寞可以决定人的命运，在它的面前你可以照见自己、发现自己。你可以在寂寞的围护中和自己对话，和另一个“自己”对话，因为那是真正的独白。

生命要耐得住寂寞

孤独是一种状态，寂寞是一种心境，寂寞可以决定人的命运。一个人忍受不了寂寞，就会想方设法寻求消遣，于是会朋友、逛街、打牌、看电视，就成了人们逃避寂寞的最好方法。寂寞本没有过错，只有害怕它的人才会觉得难以忍受。

寂寞如一面镜子，人们通过它可以照见自己、发现自己。人们可以在寂寞的围护中和另一个“自己”对话，那是真正的独白。

季羡林先生曾写过一篇散文《马缨花》，描绘了自己对寂寞的体味：“曾经有很长的一段时间，我孤零零一个人住在一个很深的大院子里。从外面走进去，越走越静，自己的脚步声越听越清楚，仿佛从闹市走向深山。等到脚步声成为空谷足音的时候，我住的地方就到了。”

20 世纪 30 年代，季先生独自一人前往德国求学，对故乡及亲人的思念只能深埋心中。但在德国十余年间，他没有被寂寞打垮，从最开始的人生地疏，到后来的慢慢适应，潜心求学，屡遇良师，学识大有长进，人生阅历也有所增多，只是身边少了亲人的陪伴。即使回国之后，由于工作原因，季先生多半也是过着独身生活，直到1962年，妻子彭德华从济南搬到北京来，季先生数十年的单身生活才算结束，他说：“总算是有了一个家。”

季先生从来没有把寂寞当作问题，而是在与寂寞相处的同时，丰富自己的内心。现在许多人抱怨生活的压力太大，内心感到烦躁、不得清闲，于是，追求清静成了他们的梦想，但他们又害怕寂寞，想尽办法逃离。

刚刚大学毕业的小张是从农村出来的，开始走上工作岗位时拿到的薪水还算不错。但是，他给自己施加的心理压力很大。因为他从小家境贫寒，父母终日在田地里辛苦耕作，用省吃俭用积攒下来的钱供他读书，因此他一直希望能够有朝一日在城里买房接父母来住。虽然他的生活已经很节约了，但是每月将房租、饭钱、交通费、通讯费等这些生活必需费用扣除之后，几乎所剩无几。而城里的房价飞涨，物价也在上涨，使他心境难以平静。这使得他萌生了跳槽的念头，于是他开始四处搜集招聘信息，希望能够跳到一家薪水更高的公司。

可以想象，他有了这个念头，就很难专心工作。不久，他的上司就觉察到他的问题，他做的方案漏洞百出、毫无新意，甚至出现很多错别字，明显看出是在敷衍了事，没有用心去做。于是，上司找他谈话，不料刚批评几句，小张不仅没有承认自己的问题，反而质问上司：“你给我这么点薪水，还希望我能做出什么高水平的方案来！”上司这才意识到，小张原来的情绪源自薪水低。他并没有生气，反而平静地告诉小张：“公司里的

薪水并不是一成不变的，只要你做出了业绩，薪水自然会上去的。真正决定你薪水的不是公司也不是老板，而是你自己。”但是，小张根本听不进去，一怒之下，刚工作不到半年的他毅然决定辞职不干了。

辞职后，他开始专心找薪水高的工作，凭着他的聪明才智，他很快又应聘到另外一家公司，这家公司的薪水比之前的公司高出了1000元，这让小张庆幸自己的跳槽非常明智。刚工作3个月，小张偶然从同事那里了解到，同行业里的另一家公司薪水普遍要比现在的公司高。这使小张本来平静的心又一次地波动起来，他又开始关注另外一家公司的消息。本来他所在的公司打算委任一项重要的项目给他，要出差到外地的分公司半年，虽然辛苦，但是能够为以后在公司的晋升奠定基础。

但是，小张一心想要跳到另一家公司，根本无心继续待下去，拒绝了这个在别人看来千载难逢的好机会。于是，小张在公司老板的眼里下留了不思进取的印象。金融危机袭来的时候，公司裁员，小张不幸被裁掉。当他再去找工作的时候，几乎所有的公司都会问他同一个问题：“为什么你在不到一年的时间里就换了3份工作？”

生活的压力和尽早出人头地的念头，让小张变得浮躁，耐不住低薪的寂寞。如果能暂时放下心中的惦念，真心体味，其实寂寞并不可怕，工作上的寂寞至少能让我们意识到自我的存在，明白什么是自己真正想要的。

耐得住寂寞是一种难得的品质，它不是与生俱来的，而是需要长期的艰苦磨炼和凝重的自我修养、完善。耐得住寂寞是一种有价值、有意义的积累，耐不住寂寞则是对宝贵人生的挥霍。

慧心智语

在耐得住寂寞的时间里成就非凡的人生。

静心，让人生的美景为你停留

“我这两年一直心神不定，老想出去闯荡一番，总觉得在我们那个破单位待着憋闷得慌。看着别人房子、车子、票子都有了，心里慌啊！以前也做过几笔买卖，都是赔多赚少。我去摸奖，一心想成个暴发户，可结果花几千元连个声响都没听着，就没有影了。后来又跳了几家单位，不是这个单位离家太远，就是那个单位专业不对口，再就是待遇不好，反正找个合适的工作太难啊！天天像无头苍蝇一般，我心里很不踏实，闷得慌。”我们身边有很多这样的面对前途心神不宁、焦躁不安的人，这是现代人典型的躁动心理。其实，心稳了，人生也就稳了。

静心就是让心安静下来。

佛经上说：“静心投入乱念里，乱念全入静心中。”静心仿佛明矾，投入乱念的污水之中，霎时污垢沉淀，清澈见影。儒家说：“定而后能静，静而后能安，安而后能虑，虑而后能得。”心是我们身体的王，具有至高无上的指挥权。

父子俩一起耕作一片土地。一年一次，他们会把粮食、蔬菜装满那老旧的牛车，运到附近的镇上去卖。但父子二人相似的地方并不多，老人家

认为凡事不必着急，而年轻人则性子急躁、野心勃勃。

一天清晨，他们套上牛车，载满一车子的粮食、蔬菜，开始了旅程。儿子心想他们若走快些，当天傍晚便可到达市场。于是他不停地催赶拉车的牛，要牲口走快些。

“放轻松点，儿子，”老人说，“这样你会活得久一些。”

“可是我们若比别人先到市场，我们便有机会卖个好价钱。”儿子反驳道。

父亲不回答，只把帽子拉下来遮住双眼，在牛车上睡着了。年轻人很不高兴，愈发催促牲口走快些。他们在快到中午的时候，来到一间小屋前面，父亲醒来，微笑着说：“这是你叔叔的家，我们进去打声招呼。”

“可是我们已经慢了半个时辰了。”儿子着急地说。

“那么再慢一会儿也没关系。我弟弟跟我住得这么近，却很少有机会见面。”父亲慢慢地回答。

儿子生气地等待着，直到两位老人悠闲地聊足了半个时辰，才再次启程。这次轮到老人驾牛车，走到一个岔路口，父亲把牛车赶到右边的路上。

“左边的路近些。”儿子说。

“我晓得，”老人回答，“但这边路的景色好。”

“你不在乎时间？”年轻人不耐烦地说。

“噢，我当然在乎，所以我喜欢看漂亮的风景，把时间都用来享受。”

蜿蜒的道路穿过美丽的牧草、野花，经过一条清澈河流——这一切年轻人都视而不见，他心里十分焦急，他甚至没有注意到当天的日落有多美。

他们最终也没有在傍晚前赶到。黄昏时分，他们来到一个宽广、美丽的大花园，老人呼吸芳香的气味，聆听小河的流水声，把牛车停了下来，说：

“我们在此过夜好了。”

“这是我最后一次跟你做伴，”儿子生气地说，“你对看日落、闻花香比赚钱更有兴趣！”

“对，这是你这么长时间以来所说的最好听的话。”父亲微笑着说。

几分钟后，父亲开始打呼噜，儿子则瞪着天上的星星，长夜漫漫，好久都睡不着。天不亮，儿子便摇醒父亲。他们马上动身，大约走了一里路，遇到一个农民正在试图把牛车从沟里拉上来。

“我们去帮他一把。”老人低声说。

“你想浪费更多时间？”儿子有点生气了。

“放轻松些，孩子，有一天你也可能掉进沟里。不要忘了，我们要帮助有需要的人。”

儿子生气地扭头看着一边。

等到这一辆牛车回到路上时，已是大天亮了。突然，天上闪出一道强光，接下来似乎是打雷的声音，群山后面的天空变得一片黑暗。

“看来城里在下大雨。”老人说。

“我们若是赶快些，现在大概已把货卖完了。”儿子大发牢骚。

“放轻松些，这样你会活得更久，你会更享受人生。”老人劝告道。

到了下午，他们才走到俯视城镇的山上。站在那里，看了好长一段时间，两人都不发一言。

终于，年轻人把手搭在老人肩膀上说：“爸，我明白您的意思了。”

他让牛车掉头，离开了那个从前叫做广岛的地方。

“放轻松些，这样你会活得更久，会更享受自己的人生。”这是老人对儿子说的话，其实，从旅途一开始，老人就在不断地暗示儿子静下心来，看看周边的风景。只是儿子急着卖货，只看到路途的长短。就像有些人的生命，根本就不属于自己，只是随着环境团团转。

一个富翁提供了非常优厚的一份奖金，希望有人能画出最平静的画，以便自己在心情烦躁时能拿来缓解情绪。许多画家都来尝试，富翁看完所有的画，只有两幅他最喜欢。

一幅画是一个平静的湖，湖面如镜，倒映出周围的群山，上面点缀着如絮的白云，大凡看到此画的人都同意这是描绘平静的最佳图画。

另一幅画有山，但都是崎岖和光秃的山，上面是愤怒的天空，下着大雨，雷电交加。山边翻腾着一道涌起泡沫的瀑布，看来一点都不平静。但当富翁靠近看时，他看见瀑布后面有一个小树丛，其中有一个母鸟筑成的巢。在怒奔的水流中间，母鸟坐在它的巢里——完全平静。

富翁选择了后者，奖金给了画这幅画的画家。

富翁在选择画作的时候，已经读懂了画家的意思：真正的平静来自内心，与外在的环境无关。

当你的内心处于平静时，你看青山，青山会给你力量；你凝望山谷，每一片叶子都在向你讲述生命的秘密；你望蓝天，会看见云彩变幻成永恒的城堡；你听溪水潺潺，好像向你细诉每一颗水滴的故事……

慧心智语

一个人想退到更安静、更能免于困扰的地方，莫过于退入自己的灵魂里面，特别是沉浸在平静无比的思绪里。

与自己对话，让外在的东西慢慢沉淀

当今社会，浮躁之风盛行，在人们急功近利地追求财富的时候，往往忽视了倾听自己内心的声音。求学的时候，我们盲从地选择了别人认为最有潜力的专业；求职的时候，我们故意不去关注内心喜欢什么，而选择那些大众看好的热门职业；甚至在结婚的时候，以经济、地位的好坏来选择结婚的对象……

许多人的耳朵里总是塞着耳机，把音量调到听不到外界的声音，好像很害怕被外界的事物打扰，想极力维持着自己内心的安静。但奇怪的是，他们一回到家就打开电视、打开电脑，却不看也不听，只是喜欢有个声音在身边。或许我们需要自我检视一下，在没有声音的状态下，我们可以安静多久？没有电话、电视、电脑的环境中，可以怡然自得多久？

“你有没有试过安静地坐着，注意力不集中在任何事物上，也不费力去集中注意力，只是让你的心非常安静，非常安静？这时候，你会听见所有的声音，不是吗？你听见远处的、近处的以及极近的声音，也就是说，你听见了所有声音。你的心不限制于窄小的频道里，如果你能依照这个方式放松地倾听，而没有任何压力，你就会发现一种惊人的变化在心底出现。这种变化不需要你的意志力，不需要你去强求，在这种变化中存在着极大的美及深刻的洞察力。”这是克里希那穆提在他的著作《人生中不可不想的事》中对世人所说的话。

给自己一点独处与静思的时间，与自己的心灵对话，这有助于我们追求内在的平静。留给自己的空间并不需要太大，独处并不需要太多的时间，只有当你把心中所有积累的固执想法全部消除，摆脱所有的坏习惯，心才不至于被原有的思想所禁锢。

伊斯华伦在他的书《征服心灵》中说："在深沉的冥想中，我们的心灵是静止、宁静而澄静的。这是我们童稚时期的天真状态，借此我们才知道自己是谁，以及生命的目的是什么。"

慧心智语

为自己留下一个冥想的空间，与心灵开始一次长谈。

生命就在一呼一吸间

一天，如来佛祖把弟子们叫到法堂前，问道："你们说说，你们天天托钵乞食，究竟是为了什么？"

"师尊，这是为了滋养身体，保全生命啊。"弟子们几乎不假思索地说。

"那么，肉体生命到底能维持多久呢？"佛祖接着问。

"有情众生的生命平均起来大约有几十年吧。"一个弟子迫不及待地回答。

"你并没有明白生命的真相到底是什么。"佛祖听后摇了摇头说。

另外一个弟子想了想又说："人的生命在春夏秋冬之间，春夏萌发，秋冬凋零。"

佛祖还是笑着摇了摇头说："你虽觉察到了生命的短暂，但只是看到生命的表象而已。"

"师尊，我想起来了，人的生命在于饮食之间，所以才要托钵乞食呀！"又一个弟子一脸欣喜地答道。

"不对，不对。人活着不只是为了乞食呀！"佛祖又加以否定。

弟子们面面相觑，一脸茫然，又都在思索答案。

这时，一个烧火的小弟子怯生生地说道："依我看，人的生命恐怕是在一呼一吸之间吧！"

佛祖听后连连点头微笑。

生命究竟是什么？有人说是一个等死的过程，如果是这样，生命的意义何在？既然知道最终的归途都是从这个世界消失，那为什么我们还要滋补身体，保全生命？因为在这一呼一吸的生命之中，有着生的喜悦与失去的痛苦，有幸福的美妙感觉……

德国画家里克特曾讲过这样一个故事：

新年的夜晚，一位老人伫立在窗前。他悲戚地举目遥望苍天，繁星宛若玉色的百合漂浮在澄静的湖面上。老人又低头看看地面，几个比他自己更加无望的生命正走向它们的归宿——坟墓。

老人在通往那个地方的路上，已经消磨了60个寒暑。在那旅途中，他除有过失望和懊悔之外，再也没有得到任何别的东西。他老态龙钟，头脑空虚，心绪忧郁。

年轻时代的情景浮现在老人眼前，他回想起那庄严的时刻，父亲将他置于两条道路的入口——一条路通往阳光灿烂的升平世界，田野里丰收在望，柔和悦耳的歌声四方回荡；另一条路却将行人引入漆黑的无底深渊，从那里流出来的是毒液而不是泉水，蟒蛇到处蠕动，吐着舌箭。

老人仰望夜空，苦恼地失声喊道："青春啊，回来！父亲哟，把我重新放回人生的入口吧，我会选择一条正路的！"可是，父亲以及他自己的青春时代都一去不复返了。

他看见阴暗的沼泽地上空闪烁着幽光，那光亮游移明灭，瞬息即逝，那是他轻抛浪掷的年华；他看见天空中一颗流星陨落下来，消失在黑暗之中，那是他自身的象征，徒然的懊丧像一支利箭射穿了老人的心脏。他记起了早年和自己一同踏入生活的伙伴们，他们走的是高尚、勤奋的道路，在这新年的夜晚，载誉而归，无比快乐。

高耸的教堂钟楼鸣响了，钟声使他回忆起儿时双亲对他这浪子的疼爱。他想起了困惑时父母的教诲，想起了父母为他的幸福所进行的祈祷，强烈的羞愧和悲伤使他不敢再多看一眼父亲居留的天堂。老人的眼睛黯然失神，泪珠儿潸然坠下，他绝望地大声呼唤："回来，我的青春！回来呀！"

老人的青春真的回来了。原来，刚才那些只不过是他在新年夜晚打盹时做的一个梦。尽管他犯过一些错误，但眼下还年轻，他虔诚地感谢上天，时光仍然是属于他自己的。他还没有坠入漆黑的深渊，尽可以自由地踏上那条正路，进入福地洞天，丰硕的庄稼在那里的阳光下起伏翻浪。

这是一个返老还童的梦，而现实中人生的入口只有一个，只能进入一次。生命的时光属于自己，在出发之前我们要认定前行的方向，像向日葵一样，迎着太阳，开出最灿烂的花。

慧心智语

生命就在一呼一吸之间，学会专注，更要懂得坚持。

为心灵找一个更好的出口

有一天，珍妮整理旧物，偶然翻出几本过去的日记。日记本的纸张有些发黄了，字迹透着年少时的稚嫩。她随手拿起一本翻看，“今天，老师公布了期末成绩，我万万没有想到，我竟然考了第五名，这是我入学以来第一次没有考第一，我难过地哭了，晚饭也没有吃，我要惩罚自己，永远记住这一天，这是我一生最大的失败和痛苦。”看到这里，珍妮自己忍不住笑了，她已经记不得当时的情景了，也难怪，自离开学校后这十几年所经历的失败与痛苦，哪一件不比当年没有考第一更重呢？

翻过这一页，再继续往下看。

“今天，我非常难过，我不知道妈妈为什么那样做？她究竟是不是我的亲妈妈？我真想离开她，离开这个家。过几天就要选择大学了，我要申请其他州的大学，离家远远的，我走了以后再不回这个家了！”

看到这，珍妮不禁有些惊讶，努力回忆当年，妈妈做了什么事让自己那么伤心难过，却怎么也想不起来。又翻了几页，都是些现在看来根本不算什么的事，可是在当时却感到“非常难过”、“非常痛苦”或“非常难忘”，看了觉得好笑。珍妮放下这本又拿起另一本，翻开，只见扉页上写着：“献给我最爱的人——你的爱，将伴我一生！我的爱，永远不会改变！”

看了这一句，珍妮的眼前模模糊糊地浮现出一个男孩的身影。曾经她以为他就是自己生命的全部，可是离开校门以后，他们就没有再见面，她不知道他现在在哪儿，在做什么，她只知道他的爱没有伴自己一生，而她的爱，也早已经改变。

在回首往事的时候，我们才发现曾经以为最重要的事和物都已经变得不那么重要，甚至有些都已经被遗忘了。时间可以淡化一切，可以包容一切，失败都可以转化为成功，痛苦也可以转化为幸福的记忆。所以，无论遭遇什么样的挫折和变故，我们都要以轻松、豁达的心态来看待。

慧心智语

在追忆似水年华的同时，为自己的心灵找一个更好的出口。

【第七章】

绚烂情感，愈开放则愈多姿

“对的时间，遇见对的人，是一生幸福。对的时间，遇见错的人，是一场心伤。错的时间，遇见错的人，是一段荒唐。错的时间，遇见对的人，是一声叹息。”绚烂的情感，需要尽情地绽放。

不要为逃避寂寞而结婚

网上流行这样一句话：“对的时间，遇见对的人，是一生幸福；对的时间，遇见错的人，是一场心伤；错的时间，遇见错的人，是一段荒唐；错的时间，遇见对的人，是一声叹息。”可见，只有时间对了，人也对了，才会成为完美的组合。而现实中，人们总是在寂寞的时候想找个人来陪，好把自己内在的空虚填满。

生活中，刚失恋的人，特别是被抛弃的人，很容易失去生活的重心，找不到自我。这时如果有人靠过来献殷勤，便很容易投怀送抱。一来可以证明自己没那么差，找回自信，二来可以填满无聊的时间。这种感情就像落水后投来的救生圈，为了活命而紧紧抓住，等回到岸上就会把救生圈丢在一边了，结果不但伤害了“救”你的那个人，自己也得不偿失。尤其是在万念俱灰的情况下决定结婚，这是对自己的不忠诚也是对他人的不负责。

素黑说：“你失落了的另一半，并不是要向外找，而是要向内找。没有寻回内在的另一半，没有再次完整，你永远不能真正去爱。每当你尝试去爱，结果只是伤害，对人对自己。假如你的内在还有冲突，假如你的内在还感到缺失，假如你的内在还未完整，尽管你自以为怀着的是爱，你的‘爱’也只能带来伤害，你只会一而再再而三地伤害身边最亲密的人。又或者更糟糕，你只是害怕面对缺失，在命运的交错间碰上一个人来依偎，把他的体温、自己害怕孤独误以为是爱，像是漂流在茫茫大海中死命抓着一块浮木不放，以为自己深爱着它。”

乔楠是一家大公司的白领，一向生活得光鲜亮丽，下班约朋友吃个饭，晚上听听音乐，看看电影，做个面膜，周末和朋友一起逛街、跳舞、爬爬山，生活过得有滋有味，虽然没有合适的男朋友，但乔楠对目前的生活很满意。

不知道从什么时候开始，朋友们都变得忙了起来：晚上约人出来吃饭吧，人家要陪自己的男朋友或老公，周末搞个朋友聚会吧，姐妹们都忙着享受自己的二人世界。渐渐地，乔楠想找个一起逛街的人都困难了。刚开始，乔楠对朋友们的“重色轻友”表示不屑：“哼，一群小女人！”可一个人待的时间长了，乔楠再也开心不起来。姐妹们七嘴八舌，都劝乔楠赶快找个人嫁了吧，晚了就没好的了。父母也苦口婆

心地告诫她，过了 30 岁就成“老姑娘”了。

乔楠可以当朋友和父母的话为耳旁风，可她挡不住一日胜似一日的寂寞。终于乔楠接受了一个追求了她几个月的同事张辰，他虽然不是乔楠理想的对象，但感觉人挺踏实可靠的。恋爱不久，他们结婚了，乔楠也结束了自己寂寞的单身日子。

然而，婚后甜蜜的日子没多久，两人的婚姻就出现了问题。张辰看不惯乔楠“小资”的生活做派，乔楠也不能忍受张辰的刻板乏味。最终这场婚姻草草收场，带给两人的是无奈和疲惫。

一个人就算再怎么孤单寂寞，也不要把恋爱和婚姻当作摆脱寂寞的手段，也没必要因为寂寞降低标准，随手抓一个男人来爱。因为寂寞而爱错人，可能会寂寞一辈子。婚姻是爱情的结果，要靠爱情来维持，只有结婚时从内心里感到愉悦，我们才能满怀希望地开始生活。

当然，你也不能坐等寂寞把你吞掉，应采取措施使自己走出寂寞。有没有试过跟自己谈心？很孤独的时候，把自己关在屋子里，用中等的音量和自己讲话，当然也可以找好朋友倾诉。游泳、打球、跑步、写作、手工、弹琴……总会有一样是你喜欢的，把喜欢的事变成自己的兴趣，在空闲的时间里就不至于那么寂寞。

慧心智语

别把填充寂寞的情感误以为是爱，要理性地选择自己的终身伴侣。

爱情不应试图改变对方

如果你正享有一份真诚的爱，请站在客观的角度看看自己是否沉溺于恋爱而迷失了自我。在恋爱中一旦失去自我，周围的人际关系便开始恶化，工作打不起精神，身体也跟着垮掉了，要知道，这并不是真正的恋爱。

小柯原本是个活泼开朗的女孩，婚前，丈夫说最喜欢她那大大咧咧的性格。可是结婚以后，他开始反对，一再说小柯这种女孩给不了他安全感。小柯怕丈夫不高兴，尽可能把自己封闭起来，别说与男性朋友交往，就连中学同学聚会也不敢去，每天的生活就是上班、下班、洗衣服、做饭、带孩子，一点生活乐趣都没有。丈夫夸她是贤妻良母，可她一点儿都高兴不起来，因为代价太大了。小柯觉得，现在都快找不到自己了，不仅脾气越来越暴躁，工作不顺心，而且在内心竟对丈夫产生了一丝厌恶的感觉。

有一天，丈夫回家后，发现小柯不见了，桌上留了一封信。

"你说你爱我，可是，如果你不是把我当作一个独一无二的生命来爱，你的爱还是自私的，因为你所爱的聪敏、美丽、温柔、善良，在别的女人身上也能找到。如果当初你选择我，是因为在我身上发现了你想要的贤惠，那么，如今，你也许明白了我并不完美。我努力过，但实在变不成你理想中的样子。我很痛苦，甚至自卑。趁着我对你的爱还没有变成恨之前，我们离婚吧，好聚好散。"

理想的婚姻必是让人感到轻松和愉快的，帮对方活出自己。试图改变对方，不仅会使对方反感，还会使对方在心理上产生挫折感和自卑感；为迎合对方，而极力改变自己的人，也极少能体验到生活的乐趣。

洛枫遇见丁香的那年，刚好大四。“不迟也不早就碰上了，那么及时。”洛枫常常很欣慰地说。洛枫忙着找工作，丁香忙着考研，她希望可以对所学的摄影专业有更深的了解。虽然他们很忙，但那场“黄昏恋”依然谈得很轰动，在情人节那天，洛枫手捧玫瑰花在丁香的宿舍楼下，静静地等着晚上下自习的丁香；在周末的时候，他们一起散步、逛街，缓解学习和找工作的压力。相同的兴趣爱好和相同的性格特点，让他们走得更近。

终于，丁香如愿考上了中国传媒大学研究生，洛枫也在北京一家美容院找到一份设计师助理的工作，这正是他的特长。在自己的职业规划中，洛枫写道：等丁香毕业的时候一起经营一家美容中心。工作了，难免有压力，有时候洛枫几个星期都没有时间去见丁香一面；有时，他会跟同事一起出去喝酒、打台球。

一天，洛枫接到丁香的电话，“枫，我希望你能为了我而重新找一份工作。我不喜欢你成天接触那么多的女孩子。”洛枫自问没有做出任何对不起她的事，何况当初丁香说喜欢他的职业，喜欢他设计的每一个发型，怎么现在会让自己放弃理想呢？丁香说：“如果你爱我，难道不能为我而改变吗？”“如果你爱我，就不能支持我的工作吗？你知道的，那是我的梦想，怎么能说放弃就放弃呢？”洛枫反问道。“我不管，总之你要换个工作！”

他们就这样僵持了三个月，最后结束了两年的爱情。

这是一个女人想改变男人的故事，结果是不欢而散。女人希望男人很优秀的时候，或试图改变男人的时候，十有八九会是失望的。当男人有压力时，往往选择独处或者保持距离的方法，这在女人看来就是不想解决矛盾，就是逃避，而男人则觉得女人的指责伤害了自己的自尊心，为了躲避女人的唠叨，常常选择躲到角落里抽烟或者出去喝酒。结果，女人越指责，男人越逃避。

当你真正地爱一个人的时候，要慢慢学会理解他 / 她的内心深处，看到他 / 她的想法、梦想，在他 / 她想飞的时候，给予他 / 她翅膀。

慧心智语

真正的爱需要彼此的尊重与真诚，这样才能缩短对方的距离。

爱应深入心窝

浪漫的爱情童话使我们相信，世界上每个青年男子，都有属于他的唯一恋人，每一个青年女子同样如此。他们认定这是上天注定的，除了对方，他们找不到更适合的伴侣，因此一旦相逢，必定坠入情网。但也有很多人过于相信唯美的爱情童话，而一直活在自己的世界里，以爱做幌子，只是想满足自己的需要，却从不考虑对方的感受。

有一位画家以其作品运用色彩技巧非凡、富有生命气息而闻名。人们看了他的画，都说他画得活灵活现、栩栩如生。的确，他的绘画技艺非常娴熟。他画的水果似乎在诱你取食，而他画布上开满春花的田野让你感觉身临其境，仿佛自己正徜徉在田野中，清风拂面、花香扑鼻。他画笔下的人，简直就是一个个有血有肉、能呼吸、有生命的人。

一天，这位技艺出众的画家遇见了一位美丽的女士，心中顿生爱慕之情。他细细打量她，和她攀谈，好感越来越深。他对她一片赞扬，殷勤关怀，无微不至，最终，女士答应嫁给他。

可是婚后不久，这位漂亮的女士就发现丈夫对她的兴趣只是从艺术出发而非来自爱情，他投入地欣赏她身上的古典美时，好像不是站在他矢志永远相爱的爱人面前，而是站在一件艺术品前。不久，他就表示非常渴望把她的稀世之美展现在画布上。于是，画家年轻美丽的妻子在画室里耐心地坐着，常常一坐就是几个小时，毫无怨言。日复一日，她顺从地坐着，脸上带着微笑，因为她爱他，希望他能从她的笑容和顺从中感受到她的爱。有时她真想大声对他说："爱我这个人，要我这个女人吧，别再把我当成一件物品来爱了！"但是她没有这样说，只说了些他爱听的话，因为她知道他绘这幅画时是多么快乐。画家是一位充满激情，既狂热又郁郁寡欢的人，他完全沉浸在绘画中，一点都没有发现画布上的人日益鲜润美好，而他美丽的模特脸上的血色却在逐渐消退。这幅画终于接近尾声了，画家的工作热情更为高涨。他的目光只是偶尔从画布移到仍然耐心地坐着的妻子身上。然而只要他多看她几眼，就会注意到妻子脸颊上的红晕消失了，嘴边的笑容也不见了，这些全部被他精心地转移到画布上去了。又过了几周，画家审视自己的作品，准备做最后的润色——嘴巴上还需用画笔轻轻抹一下，眼睛还需仔细地加点色彩。

妻子知道丈夫几乎已经完成了他的作品，精神抖擞了一阵子。当画完最后一笔时，倒退了几步，看着自己巧手匠心在画布上展示的一切，画家欣喜若狂！他站在那儿凝视着自己创作的艺术珍品，不禁高声喊道："这才是真正的生命！"说完他转向自己的爱人，却发现她已经死了。

画家活在自己的艺术里，没有体会到真正的爱，娶回了美丽的妻子，却像对待一件物品一样对待她。如果他的精神世界因为绘画而充实，那么

他不适合结婚，也没有认真地生活。女人爱得太深，爱得毫无怨言，但真正的爱，绝不是无原则地接受，其中也包括必要的冲突、果断的拒绝、严厉的批评。

茜与丈夫结婚半年以来，一直在实行婚前制定的婚姻契约。结婚前，他们都认为婚姻契约和夫妻制是实现男女平等和婚姻自由的最高境界，这样可以保持恋爱时期的状态，可以在享受自由的同时感受不到婚姻的压力。他们都是新新人类，所以便效仿了西方世界提倡的“婚姻平等论”，两个人有相互独立的空间和自由，甚至各自的收入和开支都计算得很清楚。

茜以为这样的婚姻才是最幸福的，可是她却总也找不到一家人的感觉。结婚以后他们各自仍旧干着婚前各自的事情，很少在一起吃饭，唯一改变的就是每天可以见一面，但连这种亲密感似乎也不曾长久存在。丈夫与她越来越疏离，最近还常常很晚才回来，问他理由，他总是说忙，茜感到了一丝恐慌。

在一个寂寞的早晨，茜偶然在丈夫的枕头底下发现了一本厚厚的日记，她不是有意偷看，但按捺不住的好奇心驱使她打开了日记。

3月5日

结婚几个月了，我没有了那种新鲜的感觉。我仍旧还是我自己，我与她之间感觉不到渴望中的那种亲密，我不能拿她当成我自己……我不知道女朋友与老婆之间有什么区别，因为，直到现在我也没有感觉到老婆的存在，我也不知这是怎么了……

4月7日

我的收入仍旧是自己掌管，有时候我主动买了一些东西，她也要给我划账。她说，她自己不是要靠男人养的那种女人，她自己的工资够她生活的了。我知道她的收入比我少，但我没有了做丈夫的感觉……

5月3日

好不容易放了七天假，她却出去玩了，我一个人在家。我在酒吧和朋友混了七天，突然觉得没有了她，我一样生活。我突然间感到了一种悲哀，我为我自己难过，结婚半年多了，我似乎仍是单身……

茜看着看着不由得哭了，她发现自己犯了一个致命错误。他是那种渴望家的男人，那种渴望做丈夫的男人，他要的不是平等，也不是所谓的自由，他要的是温暖。在他斯文的外表下面，有着一种征服与归属的欲望……而这些最简单的东西，自己却没能给他。这本日记也许是他故意留给她看的，也许他在试着挽回他们的爱情。

晚上，茜破天荒地下厨给丈夫做了一桌美食。在此之前，她一直很反对女人归属厨房的理论，都是他在做饭。为了保持平等，她偶尔会给他洗衣服。

饭桌上，茜亲切地叫了丈夫一声“老公”，而在此之前，他们一直互叫名字。茜说：“以后，你的钱让我管吧，因为我们得攒钱买房了。”丈夫笑了。她说：“你是男人，以后记得早回家，因为你是有老婆的人。”丈夫的眼睛里有了泪花，他问她是不是看了他的日记。她没有直接回答，只是说：“我明白了要怎样做你的老婆。”

婚姻自由的最高境界并不是靠契约来维持，太过追求自由，就会太在乎自己，而忘了用心去爱。一旦我们对爱情开出条件，爱就变成了市场上的交易。

慧心智语

爱是长期的、渐进的过程，应该深入心窝，温暖着彼此。

爱需要彼此相互扶持

爱情，像是一支圆舞曲，需要两个人心甘情愿，踩着相同的步点，依照相同的节奏，才能跳出曼妙的舞姿。

那年，他和她，因为爱情留在了北京。4年恋爱不是说放手就能放手，他们没有选择劳燕分飞，而是选择为自己的爱情坚守。所以，他们没日没夜地工作着，为的是能在北京有自己小小的天空。

他和她，都与别人合租了房子，一个在城东，一个在城西，见面的时候只有在周末。

很多个周末，他们就在长安街上来回走着，手牵着手，说说一周的欢乐和痛苦，或者去北京的胡同里看风景，最不愿去的就是商业街和公园，因为没什么钱。

长安街上有多少灯他们都快数过来了。

北方的冬天真冷啊，他们站在风里等待对方的时候仿佛全身都冻透了，可去的地方也多得是，到处开着热风，比如商场里，但那里人声鼎沸，总逛不买心理上会有重重的失落，快餐店里买一份东西可以吃上几个小时，但几个小时之后呢？他们一周没有见了，总想多缠绵一会儿，在那里拥抱也不合适吧？

有一次他们在街上逛了一天，回来第二天，她感冒发烧了，一周没有去上班，因而扣了不少的工资。后来他打来电话说："亲爱的，让我带你去一个温暖的好地方吧。"

那个温暖的好地方就是地铁。

他拉着她的手，跑进地铁，买了两张票，环城地铁是来回转的，可以坐上一整天。他们会选择在一个温暖的角落里待着，吃着自己带来的面包和小零食，他读着英语，她看着最新的流行小说，累了她就倒在他的怀里休息一会儿——没有人笑话他们，因为地铁里有很多这样的地铁恋人！

她想，他真是个聪明男人，想到了这样一个温暖的地方，一辆开往春天的地铁，有着两个相爱的人，他们为了躲避寒冷，选择坐在地铁的角落里享受着爱情，有时人多有时人少，人多的时候他们就紧紧地拥抱在一起，人少的时候就看看书听听音乐。不过3个月吧，那3个月，是她和他最美丽的冬天，而在她眼中最冰冷的地铁变得那么浪漫妩媚，因为里面散发的是爱情的味道！

春天终于来了，他们从地铁里出来，又开始在长安街上散步。在春天的一个晚上，他掏出戒指戴在她的手上，说："亲爱的，请你一定要做我的妻子，因为能和我一起坐一个冬天地铁的女孩子一定是爱我的，她并没有嫌弃我的不如意，没有嫌我不能带给她锦衣玉食的生活，这样的女孩子，太值得爱了。"

后来他们结了婚，有了房子也有了私家车，但是，他和她还是最怀念那年冬天一起坐地铁的日子。因为共患难的人才更明白，爱情有时候不仅仅是分享，更是分担，而那辆温暖的地铁，曾装满了爱情开往春天！

村上春树有句话："对相爱的人来说，对方的心才是最好的房子。"爱需要两个人的不断磨合与相濡以沫的决心。爱情不仅是蔑视世俗、地老天荒、海枯石烂、至死不渝的庄严盟誓，还是相携一生永不放手的扶持。

慧心智语

为了当初许下的承诺，也要相偎相依、不离不弃，即使是相互搀扶着走完余生的路，也可以演绎最动人的真爱。

【第八章】

平和淡然，悄然开启内心暖流

不论你的生活如何卑微，你都得面对与度过，不要逃避，也不要以恶言相加。快乐只是一个角度问题，找对了方向，你就能笑着面对一切。

幸福，源自内心的简约

梭罗在《瓦尔登湖》中说：“我来到森林，因为我想悠闲地生活，只面对现实生活的本质，并发掘生活意义之所在。我不想当死亡降临的时候，才发现我从未享受过生活的乐趣。我要充分享受人生，吸吮生活的全部滋养。”

梭罗走进山林，脱离了复杂的外部世界，让自己置身于一种最简单、最自然的生活中。在大自然的启发下，在宁静的湖光山色中，他发现了很多原来未曾发现的生命的秘密。古往今来，那些真正健康长寿的人，那些人格高尚、具有爱心、在专业上有所建树、给人类社会留下精神财富的人，无不生活简朴，思想单纯专一。在世人眼里，他们看起来也许并不怎么聪明，甚至会有些傻里傻气，实际上他们是大智若愚，自觉地淘汰了对他们来说是多余的东西罢了。

有一本美国诗人的传记中记载着这样一位行吟诗人：

他一生都住在旅馆里，拒绝房子等他认为是负担的东西，不断地从一个地方旅行到另一个地方。他的一生都是在路上，在各种交通工具和旅馆中度过的。当然，他并不是没有能力为自己买一座房子，这是他选择的生存方式。后来，政府鉴于他为文化艺术所作的贡献，也鉴于他已年老体衰，决定免费为他提供住宅，但他还是拒绝了，理由是他不愿意为房子之类的麻烦事情耗费精力。就这样，这位特立独行的行吟诗人，在旅馆和路途中度过了自己的一生，直到90多岁时逝世。他死后，朋友为他整理遗物时发现，他一生的物质财富，就是一个简单的行囊，行囊里是供写作用的纸笔和简单的衣物。而在精神财富方面，他留下了10卷优美的诗歌和随笔作品。

他一生都在路上，从一个地方旅行到另一个地方，用纸笔诉说着自己

的旅程。他是一个倔强、孤独的老人，而他拥有的经历及精神财富，让很多人羡慕不已。

幸福一直在我们心底，只是很多时候我们习惯性地选择了视而不见。看看自己的身边：家人健康、有份工作、能自食其力，感受劳动带来的快乐……我们已经拥有很多。

慧心智语

幸福不在别处，就藏在我们的心底。

烦恼如同风行水上，风停愁自消

日常生活中，每天都会有很多事情发生，我们常常感到苦闷，为了一个小小的职位、一份微薄的奖金，甚至是为了一些他人的闲言碎语而发愁、愤怒，纠缠其中。时间久了，我们的心被折磨得千疮百孔，对生活失去热情，对周围的人也冷淡了很多。如果一直沉溺在既定事情中，不停地抱怨，不断地自责，久而久之，我们的心情就会越来越沮丧。

某企业老板在新员工动员大会上讲述了一个真实的故事，看看他是如何摆脱烦恼的束缚，走向阳光大道的。

“这几年来我一直采用忘却来调整自己的心态。我本来是一个情绪化的人，一遇到不开心的事，心情就糟糕不已，不知道该怎么调节。我知道这是自己性格的弱点，可我找不到更好的办法来化解，直到后来，遇到一位老专家。

“大学刚毕业那段时间，是我心情最灰暗的时候。当时我在一家公司做文员，工资低得可怜，而且同事间还充满排斥和竞争，我有些适应不了那里的工作环境。更令人难过的是，相爱多年的女友也执意要离我而去，我没有想到多年的爱情竟然经不起现实的考验，我的心在一点一点地破碎。朋友的劝慰似乎都起不到作用，我一味地让自己沉沦下去。除了伤悲，我又能做些什么呢？到最后，朋友建议我去找一位知名的心理专家咨询一下，以摆脱自己的困境。

“当那位老专家听完我的诉说后，他把我带到一间很小的办公室，室内唯一的桌上放着一杯水。老专家微笑着说：‘你看这个杯子，它已经放在这里很久了，几乎每天都有灰尘落入里面，但它依然澄清透明。你知道是为什么吗？’

“我认真思索，像是要看穿这杯子，是的，这到底是为什么呢？这杯水有这么多杂质，但为什么仍很清澈呢？对了，我知道了，我跳起来说：‘我懂了，所有的灰尘都沉淀到杯子底下了。’老专家赞同地点点头：‘年轻人，生活中烦心的事很多，有些是越想忘掉越不易忘掉，那就记住它好了。就像这杯水，如果你厌恶它，使劲摇晃它，就会使整杯水都不得安宁，混浊一片，这是多么愚蠢的行为。如果你愿意慢慢地、静静地让它们沉淀下来，用宽广的胸怀去容纳它们，那么心灵不但不会因此受到感染，反而更加纯净。'

"我记住了这位老专家睿智的话，以后当我再遇到不如意的事时，就试着把所有的烦恼都沉入心底，不与那些不顺的事纠缠。当它们慢慢沉淀下来时，我的生活就由阴转晴了，变得快乐和明媚起来。"

不是苦恼太多，而是我们还不够开阔；不是幸福太少，而是我们还不懂得生活。烦恼如同落入杯中的灰尘一样落入了你的生活。那些忘不掉的，你且放在心底，等生活雨过天晴了，再回头想想，或许就觉得没有当初那么严重了。

慧心智语

烦恼如同风拂叶，不要刻意追求它的消止，须知，风停愁自消。

心宽了，整个世界也就广了

心灵就像一个人的翅膀，心有多大，世界就有多大。但如果不能冲破心中的牢笼，你的翅膀就舒展不开，即使给你一片蓝天，也找不到自由的感觉。

有一条鱼在很小的时候被捕上了岸，渔人看它太小，而且很美丽，便把它当成礼物送给了女儿。小女孩把它放在一个鱼缸里养了起来，每天这条鱼游来游去时总会碰到鱼缸的内壁，心里便有一种不愉快的感觉。

后来鱼越长越大，在鱼缸里转身都困难了，女孩便给它换了更大的鱼缸，它又可以游来游去了。可是每次碰到鱼缸的内壁，它畅快的心情便会暗淡下来。它有些讨厌这种原地转圈的生活了，索性静静地悬浮在水中，不游也不动，甚至连食物也不怎么吃了。女孩看它很可怜，便把它放回了大海。

它在海中不停地游着，心中却一直快乐不起来。一天它遇见了另一条鱼，那条鱼问它："你看起来好像闷闷不乐啊！"它叹了口气说："啊，这个鱼缸太大了，我怎么也碰不到它的边！"

我们是不是就像那条鱼呢？在鱼缸中待久了，心也变得像鱼缸一样小，不敢有所突破。当有一天到了一个更为广阔的空间时，狭小的心反倒无所适从了。

俄国作家尤·沃滋涅先斯卡娅对幸福的阐释是，"幸福就是那些快乐的时刻，一颗宁静的心对着什么人或什么东西发出的微笑"。在《篮子的秘密》一文中，她写道：

有段时间我曾极度痛苦，几乎不能自拔，以至于想到了死。那是在安德鲁沙出国后不久，我知道，他永远不会回来了。一天，我路过一家半地下室的菜店，见到一个美丽无比的妇人正踏着台阶上来——太美了，简直是拉斐尔《圣母像》的翻版！我不知不觉地放慢了脚步，凝视着她的脸，因为起初我只能看到她的脸，但当她走出来时，我才发现她矮得像个侏儒，

而且还驼背。我耷拉下眼皮，快步走开了。我羞愧万分。“瓦柳卡，”我对自己说，“你四肢发育正常，身体健康，长相也不错，怎么能整天这样垂头丧气呢？打起精神来！像刚才那位可怜的人才是真正不幸的人……”

我就是这样学会了不让自己自怨自艾，而如何使自己幸福愉快却是从一位老太太那儿学来的。那次事件以后，我很快又陷入了烦恼，但这次我知道如何克服这种情绪。于是，我便去夏日乐园漫步散心，我顺便带了件快要完工的刺绣桌布，免得空手坐在那里无所事事。我穿上一件极简单朴素的连衣裙，把头发在脑后随便梳了一条大辫子。又不是去参加舞会，只不过是出去散散心而已。

来到公园，找个空位子坐下，便飞针走线地绣起花儿来。一边绣，一边告诫自己：“打起精神！平静下来！要知道，你并没有什么不幸。”这样一想，确实平静了许多，于是就准备回家。恰在这时，坐在对面的一个老太太起身朝我走来。

“如果你不急着走，”她说，“我可以坐在这儿跟你聊聊吗？”

“当然可以！”

她在我身边坐下，面带微笑地望着我说：“知道吗？我

看了你好长时间了，真觉得是一种享受，现在像您这样的人可真不多见。”

“什么不多见？”

“你这一切！在现代化的列宁格勒市中心，忽然看到一位梳长辫子的俊秀姑娘，穿一身朴素的白麻布裙子，坐在这儿绣花！简直想象不出这是多么美好的景象！我要把它珍藏在我的幸福篮子里。”

“什么，幸福篮子？”

“这是个秘密！不过我还是想告诉你。你希望自己幸福吗？谁都愿意幸福，但并不是所有的人都懂得怎样才能幸福。我教给你吧，算是对你的奖赏。孩子，幸福并不是成功、运气甚至爱情。你这么年轻，也许会以为爱就是幸福。不是的，幸福就是那些快乐的时刻，一颗宁静的心对着什么人或什么东西发出的微笑。我坐在椅子上，看到对面一位漂亮姑娘在聚精会神地绣花，我的心就向你微笑了。我已把这一时刻记录下来，为了以后一遍遍地回忆。我把它装进我的幸福篮子里了。这样，每当我难过时，我就打开篮子，将里面的珍品细细品味一遍，其中会有个我取名为‘白衣姑娘在夏日乐园刺绣’的时刻。想到它，此情此景便会立即重现，我就会看到，在深绿的树叶与洁白的雕塑的衬托下，一位姑娘在聚精会神地绣花。我就会想起阳光透过树的枝叶洒在你的衣裙上；你的辫子从椅子后面垂下来，几乎拖到地上；你的凉鞋有点磨脚，你就脱下凉鞋，赤着脚，脚趾头还朝里弯着，因为地面有点凉。我也许会想起更多，一些此时我还没有想到的细节。”

“太奇妙了！”我惊呼起来，“一个装满幸福时刻的篮子！您一生都在收集幸福吗？”

“自从一位智者教我这样做以后。你知道他，你一定读过他的作品，他就是阿列克桑拉·格林。我们是老朋友，是他亲口告诉我的，在他写的许多故事中也都能看到这个意思。遗忘生活中丑恶的东西，应把美好的东西永远保留在记忆中。但这样的记忆需经过训练才行，所以我就发明了这个心中的幸福之篮。”我谢了这位老妇人，朝家走去。路上我开始回忆童年以来的幸福时刻，回到家时，我的幸福之篮里已经有了第一批珍品。

收集幸福时刻的篮子，多么奇妙的想法！就像我们在遇到开心事的时候，会感觉整个世界都变得美好了一样，当我们把自己的内心安定好，即使面对再大的困难，也能够从容应对。

慧心智语

把握好手中的遥控器，将你的心灵视窗调至快乐频道，你的心认为对了，整个世界便也对了。

快乐在于你所朝的方向

生活是一个完整的过程，平淡中蕴涵着喜怒哀乐，需要每一个人用心品味。

战时，汤姆森太太的丈夫到一个位于沙漠中心的陆军基地去驻防。为了能经常与他相聚，她搬到了基地附近居住。

那实在是个可憎的地方，她简直没见过比那更糟糕的地方。丈夫出外参加演习时，她就一个人待在那间小房子里。那儿热得要命，仙人掌阴影下的温度都高达华氏125度；没有一个可以谈话的人；风沙很大，到处是沙子。

汤姆森太太觉得自己倒霉透了，很可怜，于是便写信给父母，告诉他们她放弃了，准备回家，她一分钟也不能再忍受了，她宁愿去坐牢也不想待在这个鬼地方。她父亲的回信只有3句话，这3句话常常萦绕在她的心中，并改变了汤姆森太太的一生：有两个人从铁窗朝外望去，一个人看到的是满地的泥泞，另一个人却看到满天的繁星。她把父亲的这几句话反复念了多遍，忽然间觉得自己很笨，于是她决定找出自己目前处境的有利之处。她开始和当地的居民交朋友，他们都非常热心，当汤姆森太太对他们的编织和陶艺表现出极大兴趣时，他们会把那些舍不得卖给游客的心爱之物送给她。她开始研究各种各

样的仙人掌、顶着太阳寻找土拨鼠、观赏沙漠中的黄昏、寻找300万年以前的贝壳化石。

她发现这片新天地令她既兴奋又刺激，于是她开始着手写一本小说，讲述她是怎样逃出了自筑的牢狱，找到了美丽的星辰。

汤姆森太太成了一个快乐的人，她终日保持着微笑，也因此赢得了当地人的喜爱。

正如梭罗所说："不论你的生活如何卑微，你都得面对，不要逃避，也不要以恶言相加。"快乐只是一个角度问题，找对了方向，你就会笑着面对一切。

慧心智语

快乐不在于我们所处的位置，而在于我们所朝的方向。要有"宠辱不惊，闲看庭前花开花落；去留无意，漫随天外云卷云舒"的心境。

【第九章】

终结幻想，过好生命每一刻

钟是寺院里的号令，清晨的钟声是先急后缓，警醒大众，长夜已过，勿再沉睡。而夜晚的钟声是先缓后急，提醒大众觉昏衢，疏冥昧！一天作息，是始于钟声，止于钟声。

全神贯注当下，放下心理上的时间

几岁是生命中最好的年龄呢？一个电视节目拿这个问题问了很多的人。

一个小女孩说：“两个月，因为你会被抱着走，你会得到很多的爱与照顾。”

另一个小孩回答：“3岁，因为不用去上学，你可以做几乎所有想做的事，也可以不停地玩耍。”

一个少年说：“18岁，因为你高中毕业了，你可以开车去任何想去的地方。”

一个女孩说：“16岁，因为可以穿耳洞。”

一个男人回答说：“25岁，因为你有较多的活力。”这个男人43岁。他说自己现在越来越没有体力走上坡路了。15岁时，他经常到了午夜才上床睡觉，但现在晚上9点一到便昏昏欲睡了。

一个3岁的小女孩说生命中最好的年龄是29岁，因为可以躺在屋子里的任何地方，虚度所有的时间。有人问她：“你妈妈多少岁？”她回答说：“29岁。”

有人认为40岁是最好的年龄，因为，这时是生活与精力的最高峰。

一位女士回答说45岁，因为你已经尽完了抚养子女的义务，可以享受含饴弄孙之乐了。一个男人说65岁，因为可以开始享受退休生活。

最后一个接受访问的是一位老太太，她说："每个年龄都是最好的，享受你现在的年龄吧！"

每个年龄都是最好的，享受你现在的年龄吧！世上有很多事是无法提前的，唯有认真地活在当下，才是最真实的人生态度。

美国作家爱玛·洛蒙贝克有一篇著名的短文，写的是一位行将就木的老妇人对自己一生的追悔。

"如果我能重新开始一生，那我要对我传统的生活方式作出变更：我会邀请朋友来吃饭，即使地毯很脏、沙发很乱；

"我会在考究的起居室里大吃爆米花，要是有人想生个火，我绝不会计较满屋灰烬；

“我会耐着性子，倾听老祖父唠叨他年轻时的事情；

“严冬，我会穿着火红的裙子，赤足在雪地上一边漫步，一边沉思；

“盛夏，我再也不怕赤日炎炎，我会让阳光将我的全身灼得发痛；

“我会背上我女儿的小书包，像天真的女学生，在亮晶晶的雨珠中欢笑、奔跑；

“我会同我的孩子一起坐在草地上而全然不顾斑斑草渍；

“当粉红色的蜡烛燃尽之际，我会将它雕成一朵玫瑰花；

“毫无疑问，我会更多地分担丈夫肩上的责任；

“如果我生了病，我就上床休息。我再也不会傻乎乎地认为，要是我卧床不起，家里会乱作一团，地球也不会旋转；

“当我的孩子突然奔来吻我时，我再也不会说：‘等等，先去洗个脸……’我会有更多的爱情，也会有更多的遗憾……不过，有一点却可以肯定：如果我再有一次人生，我要让每分钟都充满奇异又朴素的美。”

人们之所以总是会有这样或者那样的麻烦，是因为人们总是生活在过去或者未来，忽视了当下的生活。而一个真正懂得活在当下的人，才能在快乐来临的时候就享受快乐，痛苦来临的时候就迎着痛苦，在黑暗与光明中，既不回避也不逃离，以坦然的态度来面对人生。

不要活在过去或只是为未来而活，我们要做的是把全部的精力用来承担眼前的这一刻，因为失去的此刻不会重来，不能珍惜现在也就无法享受未来。

慧心智语

不再张望过去和明天，认真地对待现在的每一个具有决定性的瞬间。

唯一可以被夺走的只有现在

“生命只有一次，而人生也不过是时间的累积。我若让今天的时光白白流逝，就等于毁掉人生最后一页。因此，我珍惜今天的一分一秒，因为它们将一去不复返。我无法把今天存入银行，明天再来取用。时间像风一样不可捕捉，每一分每一秒，我要用双手捧住，用爱心抚摸，因为它们如此宝贵。垂死的人用毕生的钱财都无法换得一口生气。我无法计算时间的价值，它们是无价之宝，今天是我生命中的最后一天。”当今世界上最能激发起读者阅读热情和自学精神的作家奥格·曼迪诺在《假如今天是生命中的最后一天》中如是说。

时间就是一座脆弱的桥梁，走过便无法回头，我们迈出的每一步，都变成过去，变成永恒。过去不再属于我们，一个人如果珍视时间，首先所要做的就是追赶今天的太阳，不被酸苦的忧虑和辛涩的悔恨所销蚀。

安格斯读小学的时候，他的外祖母过世了。外祖母生前最疼爱他，安格斯无法消除自己的忧伤，每天在学校操场上一圈又一圈地跑着，跑得累倒在地上，扑在草坪上痛哭。

哀痛的日子，断断续续地持续了很久，爸爸妈妈也不知道如何安慰他。他们知道与其骗儿子说外祖母睡着了（可她总有一天要醒来），还不如说实话：外祖母永远不会回来了。

“什么是永远不会回来呢？”安格斯问着。

“所有时间里的事物，都永远不会回来，你的昨天过去，它就永远变成昨天，你不能再回到昨天。爸爸以前也和你一样小，现在也不能回到你这么小的童年了，有一天你会长大，会像外祖母一样老，有一天你度过了你的时间，就永远不能回来了。”爸爸说。

以后，安格斯每天放学回家，在家里的庭院里面看着太阳一寸一寸地沉到地平线以下，就知道一天真的过完了，虽然明天还会有新的太阳，但永远不会有今天的太阳了。

时间过得那么快，安格斯幼小的心灵里不只有着急，还有悲伤。有一天，他放学回家，看到太阳快落山了，就下决心说："我要比太阳更快地回家。"他狂奔回去，站在庭院前喘气的时候，看到太阳还露着半边脸，就高兴地跳跃起来，那一天他觉得自己跑赢了太阳。以后他就时常做那样的游戏，有时和太阳赛跑，有时和西北风比快，有时一个暑假才能完成的作业，他十来天就做完了。那时他三年级，常常把五年级的作业拿来做。每一次比赛胜过时间，安格斯就快乐得不知道怎么形容。

后来的20年里，他因此受益无穷，虽然他知道人永远跑不过时间，但是人可以比自己原有的时间跑快一步，如果跑得快，有时可以快好几步。那几步很小很小，用途却很大很大。

所有时间里的事物，都永远不会回来，你的昨天过去，它就永远变成昨天，你不能再回到昨天。但是，你还有今天，就好像一出戏的开头和结尾互相呼应一样，回忆过去不如奋发今天。

决定什么时间做什么事，而不是让时间来决定你应该做什么事。

慧心智语

昨天已经流逝，明天还未到来，所以我们要用全部的精力过好今天！

带给我们痛苦的是对想法的执着

埃克哈特·托利是《当下的力量》的作者，他在分析痛苦的时候，有过一段精辟的论述："你现在所创造的痛苦，十之八九都是对'本然如是'某种形式的不接纳和无意识的抗拒。抗拒以批判的形式，呈现在思想的层面上；而在情感的层面上，它又以负面情感的形式呈现。痛苦的强度，根据你对当下这一刻抗拒的程度而定，而抗拒的程度，又决定你与心智认同的强度。心智总是想尽办法否认当下、逃避当下。换言之，你越认同你的心智，你受的苦就越多。再换一个说法就是：你能够尊重和接受当下的程度越高，你免于痛苦和受苦、免于我执心智的程度就越大。"

多年以前，一个女孩因为错手伤了人而坐牢了，尽管后来被释放，她仍然很痛苦。于是她到教堂祷告，希望上帝能够分担她的痛苦。看到女孩一脸悲伤，一位牧师问她发生了什么事。这个女孩哭了，她泣不成声地说："我好惨啊，我多么不幸啊，我这一辈子都忘不了这件事情……"

听罢她的陈述，牧师对她说："这位小姐，是你自愿坐牢的。"

这个女孩被牧师的话吓了一跳，说："你说什么？我怎么可能自愿坐牢？"

牧师对她说："你尽管已经从监狱里出来了，但在你的心里，天天心甘情愿地被关在牢里，你这不是自愿坐在心中的牢狱里吗？"

"这是什么意思呢？"女孩不解地问。

"在你身边发生了一件不好的事情，就好像看了一场不好的电影一样，天天在回想，这不是很笨的事情吗？这与重蹈覆辙有什么区别呢？你改变不了环境，但你可以改变自己；你改变不了事实，但你可以改变态度；你改变不了过去，但你可以改变现在；你不能控制他人，但你可以掌握自己；你不能预知明天，但你可以把握今天；你不可能样样顺利，但你可以事事尽心；你不能延伸生命的长度，但你可以决定生命的宽度；你不能左右天气，但你可以改变心情……"

人生之所以痛苦，是因为存有执念，执念让人无法释怀，将自己锁在痛苦的牢笼中，在快乐的时候折磨自己的内心，在难过的时候雪上加霜，陷入自己布置的痛苦陷阱，一而再再而三地重复自己的痛苦，以至于忘记快乐的过去，让痛苦占据了自己的思维，慢慢地挤掉了生命中快乐的空间。

慧心智语

痛苦与否在于思维的方式，当你感觉委屈、痛苦、烦躁的时候，是你的思绪出现了偏差，此时如果你放弃执着的念想，换个角度，生活就会出现新的生机。

在内心种一粒信仰的种子

“所谓信仰就是确立纹丝不动的自我，是充满勇气的‘自立’行为。这就是说，人生的前途也许有什么东西在等着我们，而不管它是什么东西，也不管发生什么事情，自己始终泰然自若。”池田大作对于信仰的界定，亦如汪国真的这首小诗，“既然选择了前方，便只顾风雨兼程”。

这里说的信仰，无关宗教，而是指心灵到达最终归宿的力量。真正的信仰是心灵上的恭敬，信仰止于表面的形式，是信仰的危机。周国平先生认为：“一切外在的信仰只是桥梁和诱饵，其价值就在于把人引向内心，过一种内在的精神生活。神并非居住在宇宙间的某个地方，对于我们来说，它的唯一可能的存在方式是我们在内心中感悟到它。一个人的信仰之真假，分界也在于有没有这种内在的精神生活。伟大的信徒是那些有着伟大的内心世界的人。即使是一个全心全意相信天国或者来世的人，如果他没有内心生活，你就不能说他有真实的信仰。”

信仰是穿透生死迷雾的一道光，为人们指引着方向。人生需要真正的信仰，在信仰的光芒里，摆脱对黑暗和死亡的恐惧。

每天晚上，云居禅师都要去荒岛上的洞穴里坐禅。

有几个爱捣乱的年轻人想捉弄一下他，便藏在他必经的路上，等他过来的时候，一个人从树上把手垂下来，扣在禅师的头上。

年轻人原以为云居禅师必定会吓得魂飞魄散，哪知云居禅师任年轻人扣住自己的头，静静地站立不动。年轻人反而吓了一跳，急忙将手缩回，云居禅师则若无其事地离去了。

第二天，这几个年轻人一起到云居禅师那儿去，他们向云居禅师问道：“大师，听说附近经常闹鬼，有这回事吗？”

云居禅师说：“没有的事。”

“是吗？我们听说有人在夜晚走路的时候被鬼按住了头。”

“那不是什么鬼，而是村里的年轻人。”

“为什么这么说呢？”

云居禅师答道：“因为魔鬼没有那么宽厚暖和的手啊！”他接着说：“临阵不惧生死，是将军之勇；进山不惧虎狼，是猎人之勇；入水不惧蛟龙，是渔人之勇；和尚的勇是什么？就是一个‘悟’字。连生死都超脱了，怎么还会有恐惧感呢？”

信仰不在于形式，而在于内心的虔敬，体现在日常生活中，是一种发自内心的行为。“一个人坚持一种习惯，比如节食、跑步、按时起居，也几乎可以算是有信仰了”，周国平先生的这句话可谓点出了信仰的本质。

在纽约附近有一个小镇，镇上有一位名叫吉姆的男孩，他十分可爱，也是位真正的男子汉，一个真正意志坚强的人。他是个天生的运动好手，不过在他刚入中学不久腿就瘸了，并迅速恶化为癌症。医生告诉他必须动手术，他的一条腿便被切掉了。出院后，他拄着拐杖返回学校，高兴地告诉朋友们，说他将会安上一条木头做的腿，“到时候，我便可以用图钉将袜子钉在腿上，你们谁都做不到。”

足球赛季一开始，吉姆立刻回去找教练，问他是否可以当球队的管理员。在练球的几星期中，他每天都准时到球场，并带着教练训练攻守的沙盘模型，他的勇气和毅力迅即感染了全体队员。有一天下午他没来参加训练，教练非常着急。后来才知道他又进医院做检查了，并得知吉姆的病情已恶化为肺癌。医生说：“吉姆只能活6周了。”

吉姆的父母决定不将此事告诉他，他们希望在吉姆生命最后的日子里，能尽量让他正常生活。所以，吉姆又回到球场上，带着满脸笑容看其他队员练球，给其他队员加油鼓劲。因为他的鼓励，球队在整个赛季中保持了全胜的纪录。为庆祝胜利，他们决定举行庆功宴，准备送一个全体球员签名的足球给吉姆。但是餐会并不圆满，吉姆因身体太虚弱没能来参加。几周后，吉姆又回来了，他这次是来看篮球赛的。他脸色十分苍白，除此之外，仍是老样子，满脸笑容，和朋友们有说有笑。比赛结束后，他到教练的办公室，整个足球队的队员都在那里，教练还轻声责问他："怎么没有来参加餐会？""教练，你不知道我正在节食吗？"他的笑容掩盖了脸上的苍白。其中一位队员拿出要送他的胜利足球，说道："吉姆，都是因为你，我们才能获胜。"吉姆含着眼泪，轻声道谢。教练、吉姆和其他队员谈到下个赛季的设计，然后大家互相道别。吉姆走到门口，以冷静坚定的目光回头看着教练说："再见，教练！""你的意思是说，我们明天见，对不对？"教练问。吉姆的眼睛亮了起来，坚定的目光化为一种微笑。"别替我担心，我没事！"说完话，他便离开了。

两天后，吉姆离开了人世。

其实，吉姆早就知道了自己的身体状况，但凭借信仰的力量，他在最坏的环境中创造出令人振奋而温暖的感觉。他不像鸵鸟般将头埋进沙堆，逃避事实，而是完全接受命运，却从未被击倒过。能做到这一点的人，他的一生便是有价值的。

汪国真在《热爱生命》中写道："我不去想是否能够成功，既然选择了远方，便只顾风雨兼程。我不去想能否赢得爱情，既然钟情于玫瑰，就勇敢地吐露真诚。我不去想身后会不会袭来寒风冷雨，既然目标是地平线，留给世界的只能是背影。我不去想未来是平坦还是泥泞，只要热爱生命，一切都在意料之中。"

生命是很奇特的，它会以不同的方式来满足你的愿望。一旦你非常清楚自己要做什么，下决心去做一件事，往往都会如愿以偿。从踏上信仰的第一步开始，你的心灵就会发生美妙的变化。

慧心智语

生活需要信仰，如此才能坚定心中的目标，才能脚踏实地地追逐梦想，憧憬未来。

热切地追求你认为最好的东西

一个人可能要花很长的时间才能找到什么是自己真正喜欢做的事，这个过程很漫长、很煎熬，但只有找到努力的方向，梦的翅膀才能够飞翔。

戴望舒有一首诗，名字叫《寻梦者》：“梦会开出花来的，梦会开出娇妍的花来的，去求无价的珍宝吧。在青色的大海里，在青色的大海的底里，深藏着金色的贝一枚。你去攀九年的冰山吧，你去航九年的瀚海吧，然后你逢到那金色的贝。它有天上的云雨声，它有海上的风涛声，它会使你的心沉醉。把它在海水里养九年，把它在天水里养九年，然后，它在一个暗夜里开绽了。当你鬓发斑斑了的时候，当你眼睛蒙眬了的时候，金色的贝吐出桃色的珠。把桃色的珠放在你怀里，把桃色的珠放在你枕边，于是一个梦静静地升上来了。你的梦开出花来了，你的梦开出娇妍的花来了，在你已衰老了的时候。”

这首诗将现代人的“寻梦”思绪寄寓在一个“寻找金色的贝”的民间故事里。无论有多少艰难险阻，梦都会开出花来的，会开出娇妍的花来。而我们首先要做的就是找到自己的梦。

在法国的乡村，有一位普通的邮递员每天奔走于各个村庄，为人们传送邮件。一天，他在山路上不小心摔倒了，不经意发现脚下有一块奇特的石头，看着看着，他有些爱不释手，最后他把那块石头放进了邮包。

村民们看到他的邮包里还有一块沉重的石头，都感到很奇怪。

他取出那块石头晃了晃，得意地说："你们有谁见过这样美丽的石头？"

人们摇了摇头："这里到处都是这样的石头，你一辈子都捡不完的。"可是，他并没有因为大家的不理解而放弃自己的想法，反而想用这些奇特的石头建一座奇特的城堡。此后，他开始了另外一种全新的生活。白天，他一边送信一边捡这些奇形怪状的石头；到了晚上，他就琢磨用这些石头来建城堡的问题。所有的人都觉得他疯了，这根本就是不可能的事。

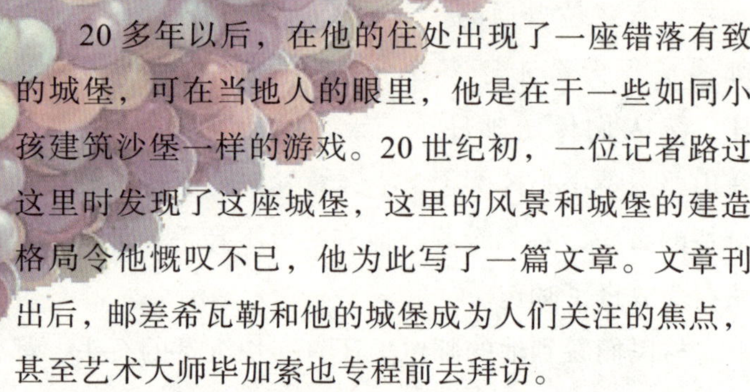

20多年以后，在他的住处出现了一座错落有致的城堡，可在当地人的眼里，他是在干一些如同小孩建筑沙堡一样的游戏。20世纪初，一位记者路过这里时发现了这座城堡，这里的风景和城堡的建造格局令他慨叹不已，他为此写了一篇文章。文章刊出后，邮差希瓦勒和他的城堡成为人们关注的焦点，甚至艺术大师毕加索也专程前去拜访。

今天，这个城堡已成为法国最著名的风景旅游点之一。据说，那块当年被希瓦勒捡起的石头，被立在入口处，上面刻着一句话："我想知道一块有了愿望的石头能走多远。"

故事中的邮递员并没有因为大家的不理解而放弃自己的想法，他坚信，当一块石头有了愿望，它也可以走得很远很远。在这个世界，没有既定的不可能，重要的在于我们是否努力。

慧心智语

理想往往是我们向往的，我们要做的是持之以恒。